简明自然科学向导丛书

自然界之谜

主　编　刘孝贤

山东科学技术出版社

主　编　刘孝贤

副主编　刘　晨

前 言

中国正处在民族复兴和国家崛起的进程中,这一进程对每位国人来说都有付出一己之力的责任和义务,而要承担起这样的责任和义务,就需要有相应的知识和世界观。知识需要积累,世界观需要从对周围客观事物和现象的观察和分析建立起来。除了从课堂、书本和师长那里学到知识之外,还应当从课外的大量阅读中获得知识,并经由对比、思考、判断、实践诸环节,进一步坚定正确的世界观和人生观。

在校学生,特别是中学生,在面对偌大的世界时,一定是充满着好奇、惊叹、探究的冲动,这是成长过程中的必经阶段,也是奠定人生基础的必由之路。客观世界的深邃和社会运作的复杂是中学生前行道路上的坎和沟,只有建立起较为完备且正确的知识体系,并树立正确的人生观和世界观,才能面对各种困难和困惑,积极地承担起历史赋予的责任和人生的担子。

现实情况是,在课堂之外,各种信息杂陈每每致中学生良莠不分、不辨真伪。例如,时隐时现的伪气功、兴风作浪的法轮功以及各种教人少付出多收益的奇端异说,都在误导甚至毁坏中学生对客观世界的审视和分辨。而这些非正路的知识来源的根基往往与科学知识的一些基本理论的被扭曲密不可分,如对天文现象的信口雌黄或恶意歪曲、对植物生长现象的随意附会等。其实,宇宙或自然界中的各种现象最终都有可以形成论据链的合理解释,支撑这些解释的背后的基本道理(科学原理)也大多并不复杂艰深。只要掌握了较为系统的基本道理,面对各种歪理就不会随波逐流、误入歧途。

本册科学普及书就是为了给中学生补充关于宇宙或自然界现象的正确的基本知识而编写的。本书主要介绍了以下知识。

　　宇宙的结构，天体的特点，宇宙运行和存在的法则，物质世界的基本规则；宇宙的各种已知现象的解释，人类天文学知识的内涵和主要内容，人类对宇宙进行探索的艰苦过程和趣味故事；人类探索宇宙的工具和仪器，解读各种自然现象的理论知识，分析观测数据和事实的逻辑推理方法等；至今尚未完全认识或尚不能给出完善解释的神秘的自然现象和宇宙图景等。

　　此外，还介绍了太阳、地球及其近邻月球等太阳系中的天体，对它们的成因、运行规律和相互作用与影响——给出浅显而符合科学原理的解释。例如，太阳系中的彗星、小行星、陨石、流星等天体的运动和行为方式，行星发现过程中有趣的故事，天体会不会爆炸等。书中特别对几乎所有人都感兴趣的地外生命的存在和探索问题作了专题介绍，相信读者会特别关注这方面的知识。

　　地球是一个充满了生机的有生命的天体，除了人和其他动物之外，这个地球上最普遍、最广泛存在的就是植物，它似衣被一样覆盖着地球的陆地，为地球上生物链的最基础的资源。本书介绍了有关植物的基本常识和人类研究植物的手段、方法和实践，同时还介绍了形形色色的植物界中的奇妙的现象和背后的科学道理。

　　作者期待为中学生提供一份适合口味的、营养丰富的、健康的知识快餐，若能因此而引发中学生读书、学习、探索的兴趣，能提高中学生辨别是非、规整知识的能力，作者当为此而备感欣慰。

　　愿所有中学生都健康成长，成为民族崛起和国家复兴的横梁之材！

编　　者

一、天文学之谜

天文学起源之谜/1

天文学长盛不衰/2

现代天文学起源/3

空间天文学/4

天文学家都是哲学家吗/5

天文史学研究什么/6

近代天文学发展探秘/8

光学天文学何以兴起/9

何为实用天文学/10

宇宙化学的任务/11

红外天文学技术/12

红外天文学的奥秘/13

什么是 X 射线天文学/14

射电天文学的兴起/15

虚拟天文台——计算机天文台/16

二、探索宇宙之谜

伽利略天文发现之谜/18

牛顿与天体力学/19

宇宙射线之谜/20

宇宙 X 射线的发现之谜/21

γ射线爆发之谜/22

宇宙自由行星之谜/23

天体运行轨道的奥秘/24

天体物理学研究/26

行星物理奥秘/27

行星运动奥秘/28

恒星物理奥秘/29

恒星运动奥秘/30

恒星天文学奥秘/31

天体测量学/32

天文望远镜结构奥秘/33

伽利略自制天文望远镜/34

星等划分探秘/35

确认银河系/36

银河的视觉形象/37

银河系核心活动奥秘/38

星云与星系认证之谜/39

星系尺度和分布之谜/40

星系大碰撞奥秘/41

分光术奥秘/42

恒星距离的直接测量/43

星系距离测定原理/44

宇宙年龄探秘/45

怎样计算宇宙年龄/46

造父变星/47

爱因斯坦假设/48

奥伯斯佯谬/49

天体基因谱——天体演化学/50

三、未解的宇宙之谜

宇宙中四种基本力/52

宇宙元素与恒星演化/53

宇宙演化之谜/54

非平坦宇宙之谜/55

星际消光奥秘/56

时间不对称之谜/57

宇宙的对称性奥秘/58

宇宙基本结构之谜/59

宇宙基本粒子奥秘/60

探秘伽马暴/61

宇宙微波背景辐射之谜/62

类星体发现之谜/63

类星体的反常特点/64

脉冲星发现之谜/65

脉冲星的未解之谜/66

超新星爆发之谜/68

中子星环境奥秘/69

反质子和反电子/70

认识反物质/71

宇宙暗物质之谜/72

中微子谜踪/73

四、太阳、地球及月球之谜

太阳系小天体之谜/75

初识彗星奥秘/76

彗发彗尾之谜/77

彗星化学结构/78

太阳系中的流浪汉——流星和陨石/79

美丽壮观的流星雨/80

陨石之谜/81

笔尖上发现的行星——海王星/82

海王星发现之谜/83

冥王星依然披着神秘的面纱/84

小行星轨道之谜/86

小行星的研究与作用/87

太阳系存在未知行星吗/87

无家可归的星体/89

日珥奥秘/90

日冕高温之谜/91

太阳之谜/92

未来太阳系天体研究/93

星座划分之谜/94

地月天体动力学的奥秘/95

地球会爆炸吗/96

地球分层结构之谜/97

月球的形成与运动/98

月球固体潮汐之谜/99

近地小行星的潜在危险/100

如何应对近地小行星/101

生命存在的意义/102

地球生命诞生奥秘/103

探索地球外文明的意义/104

太阳活动影响地球环境/105

生命的含义与特征/106

星际有机分子/107

地外生命之谜/108

探索地外文明/109

五、地球的衣被——植物之谜

什么是植物学/111

植物何以是人类的朋友/112

植物的多样性/113

植物分类之谜/115

植物命名之谜/116

原核生物——细菌之谜/117

种类繁多的藻类植物/118

原始的自养植物——蓝藻/120

旱生植物不死之谜/121

神农尝百草之谜/122

真菌之谜/123

影响人类生活的真菌/124

真菌利用之谜/125

绚丽夺目的地衣/126

苔藓植物探秘/127

用途广泛的木贼/129

身材高大的弱者——桫椤/130

"真正的陆地征服者"——裸子植物/131

"金色化石树"——银杏/132

中生代遗存化石——苏铁/133

北温带森林之母——松树/134

子遗的杉科植物——巨杉/136

植物大家族——被子植物/137

美丽的花木——玉兰和木兰/138

果实和种子传播奥秘/139

植物生命复苏之谜/140

植物进化历程探秘/141

藻类植物产生之谜/142

陆生植物蔓延之谜/143

恐龙时代植物探秘/145

被子植物统治的时代/146

植物的生活环境探秘/147

自然环境因子知多少/148

绿色植物分布之谜/149

特殊生境中的植物/150

极端环境下的植物生长探秘/152

盐生和水生植物生存之谜/153

附生和寄生植物探秘/154

植物、环境、人类/155

植物与人类生活/156

六、探索植物之谜

紫菜和海带繁衍之谜/158

特色藻类植物探秘/159

地衣监测环境之谜/160

蕨菜可食之谜/161

满江红增肥稻田奥秘/162

冷杉珍贵之谜/163

银杉珍稀之谜/164

巨柏探秘/165

千岁兰耐旱之谜/167

樟科芳香之谜/168

毛茛科植物为何是草世家/169

桑科为何称为乳树家族/170

壳斗科植物营养价值奥秘/171

藜科生存能力之谜/172

葫芦科瓠果植物之谜/173

蔬菜之邦——十字花科/174

美化山野之冠——杜鹃花科/176

蔷薇科花果园奥秘/176

豆科大家族的奥秘/177

芳菲袭人的香木——桃金娘科/179

大戟科植物奥秘/180

香草之家——唇形科/181

被子植物之冠——菊科/182

热带景观树种棕榈科植物/183

禾本科植物是粮仓/184

名花良药百合科之谜/185

兰科植物变异之谜/186

植物细胞之谜/188

植物细胞分身术/189

植物细胞生活奥秘/190

光合作用的场所——叶绿体/191

细胞动力之奥秘/192

各显其能的细胞器/192

植物细胞的骨架——细胞壁/193

植物细胞独特的全能本领/194

奇特的植物叶子/195

叶子奥秘种种/196

叶片变色脱落之谜/198

形形色色的茎/199

植物运输水和养料的奥秘/200

叶和花的来源/201

变态茎之谜/202

种类繁多的根系功能/203

根系吸水的奥秘/204

花的基本知识/205

花粉的功能/206

植物"怀胎"奥秘/207

果实与种子/208

植物胎儿之谜/209

一、天文学之谜

天文学起源之谜

人类作为宇宙中的智慧生命,在数千年前才开始使用照明。那是文明远离的蛮荒时代,人类只能伴着白天和黑夜生活,在黑白交替中成长,每天都要与空中明亮的日月和璀璨的星辰为伴,生存的实际需要和人类与生俱来对未知世界的好奇,决定了人类必然要探索星空秘密。文明人类的天文学就始于这样的蒙昧时代。

天文学起源于远古时期人类文化的萌芽时代。那时候,人们为了辨识方向,确定时间和季节,就要学会观察太阳、月亮和星星在天空中的位置,寻找它们按顺序变化的规律。逐渐积累大量观天测星的知识,为编制历法奠定了坚实的基础。历法用于生活和农牧业生产活动,促进了人类文明的进步。从这一点上来说,天文学是最古老的自然科学学科之一。

早期,人类视野中的宇宙是可望而不可即的。太阳给大地带来光明和温暖;月亮变换着冷峻的相貌将借来的光芒洒向黑暗中的人间;群星构建出各种图案。面对神奇莫测的天空,人类的祖先产生出不尽的遐想,编织出串串美妙的神话,既有对大自然的敬畏之情,也怀抱着美好的憧憬。人类早期文明几乎都与天文神话传说有关。

文明初开之时,限于科学水平和思维能力,人类只能凭直觉来判断宇宙的结构。共同之处是,每个民族都认为自己居住在世界的中心,这是人类认识宇宙的最初结论。

在中国,传说盘古开天辟地之后,双眼化为日月,须发化为星辰。

古时候中国人把天穹看成一个盖子,视大地为方形,整个天盖绕着天极旋转,日月星辰则附着在天盖上一齐旋转,形成天体东升西落的现象。这是"天圆地方说",又称"盖天说",是古人认同天地结构的一种说法,这一说法对中国文化影响巨大。如中国古钱币多为外圆孔方,隐喻着对天地的认识;北京的天坛是圆形,地坛则是方形,也是天圆地方之图解。

在两河流域,古撒玛利亚人认为是空气之神安尼尔把天地分开而成宇宙,日月星辰就在他的怀抱中。他们对天地的认识类似于中国古代人的认识。

古埃及人认为天是女神黛娜的身躯,宇宙在其四肢环抱之中,在她身上布满群星,太阳进出她的口腹,形成日月出没。

古迦勒底人认为四方大地为大洋包围,中央高耸山峰,地上方的天穹似挂着的大钟,上面布满星辰。太阳每天从地下通道进出,造就白天黑夜。

古印度人的看法最有趣,他们认为大地由四头大象驮着,大象站在巨大的龟背上,龟浮在水中。

面对着同一个星空,独立发展的各种古代文明对天地的看法大致相近。远古时期的人们对天文的认识基本停留在神话和想象阶段,这些神话和想象孕育着即将诞生的天文学。

天文学长盛不衰

天文学是人类认识宇宙的科学,在人类自然观的形成和发展过程中有特殊作用。从古希腊托勒密的地球中心说到哥白尼的太阳中心说,再到今天人类有关宇宙的整体认识,全部历程体现了人类文明的进步。天文观测和研究证明了宇宙的物质本性,揭示了客观世界的本来面目。天文学研究同时还关注宇宙生命的相关问题,这有助于对人类本身的生命现象有更深刻的认识和了解。天文学面对客观实体,它的研究成果具有客观性和正确性的特点,天文学研究对人类认识自然和宇宙有不可替代的作用。在抨击假以科学包装的伪科学的活动中,天文学研究和天文科学知识普及尤显重要。

对研究古代史的人来说,天文知识是必不可少的。为了确定某个历史事件发生的时间,需要借助天文方法。例如带蚀日出或天再旦现象在我国历史文献中有记载,过去对武王伐纣的年代问题说法不一,我国天文学家张钰哲利用哈雷彗星轨道演变确定为公元前1057年,这是靠其他学科知识难以完成的。我国"九五"期间一项重大研究项目"夏商周断代工程",集中了天文、地质、考古、历史等各学科的学者,目的是要断定若干历史事件发生的时间和地点,以便将我国的历史朝代和重大事件的发生给出具有说服力的结论。天文学上的日蚀月蚀等现象的研究和推断在这一科研项目中起着至关重要的作用。

天文学研究不可避免地要涉及哲学问题,人类的许多重大哲学问题都与天文学有关。天文学是人类认识宇宙的科学。最早的宇宙论都是属于哲学思辨。今天,天文学的发展为科学的唯物主义世界观提供了重要依据和丰富内容,而辩证唯物主义又成为天文学发展的指导理论和研究方法。

科学的发展常常有伴生现象,天文学的发展也与其他自然学科有着密切的联系。天文学的发展从其他自然科学中吸取营养,它的重大发现也推动着其他学科的发展。在牛顿以后的近300年中,天体力学的发展曾给予应用数学有力的推动,而天体物理学,则从其诞生之日起就对物理学作出了重大贡献。如通过恒星光谱线发现了原子禁线理论的线索,对太阳内部结构的研究获得了热核聚变的概念等。最近几十年,星际有机分子的发现,类星体、射电星系以及星系核活动等高能现象的发现,向化学、生物学、物理学提出了新课题,对现有理论提出新的挑战。今天的天文学不断吸取并集中物理学、数学、化学等学科的理论和观点,逐渐成为极富有生命力的多学科交叉点。

现代天文学起源

在天文学发展历程中,先出现天体力学,然后是天体物理学。19世纪中叶天体物理学的问世是现代天文学缘起的标志。

天体物理学是用物理手段研究天体的,它的研究成果揭示天体的形态、结构、化学组成、物理状态和演化规律,因而迅速替代天体力学的地位成为现代天文学的主流。

20世纪以前,天体物理学处于起步期。天文学家最大限度地利用刚刚引入天文研究的光谱分析、天体摄影和天体测光,进行大规模的巡天观测,所搜集的大量资料为 20 世纪初期天体物理学的全面辉煌打下了坚实的基础。

19 世纪末是物理学的变革时期,爱因斯坦从实验出发,重新考查物理学基本概念,在理论上作出了根本性的突破。爱因斯坦参与建立的量子理论对天体物理学、特别是理论天体物理学有很大影响。理论天体物理学的第一个成熟的成果——恒星大气理论,即建立在量子理论和辐射理论的基础上。爱因斯坦先后提出狭义相对论和广义相对论,给天体物理学带来新的理论工具。

狭义相对论成功地揭示了能量与质量的关系,解决了恒星能量来源的难题。近年来发现越来越多的高能物理现象,狭义相对论已成为解释这类现象的最基本的理论工具。

广义相对论也解决了天文学上多年的不解之谜,并推断出后来得到验证的光线弯曲现象,成为后来许多天文概念的理论基础。在广义相对论基础上,现代宇宙论应运而生,并逐渐成为现代天体物理学研究的主攻方向。

爱因斯坦对天文学的最大贡献是其宇宙学理论。他创立了相对论宇宙学,建立了静态有限无边的自洽动力学宇宙模型,并引进弯曲空间等新概念,推动了现代天文学的发展。

空间天文学

空间天文学是在高层大气和大气外层空间进行天文观测和研究的学科,空间天文学突破地球大气屏障,扩展了天文观测波段,显现出观测外层空间整个电磁波谱的可能性。空间天文学的兴起是天文学发展的又一契机。

就观测波段而言,空间天文学可分成多个分支:红外天文学、紫外天文学、X 射线天文学等。以发射探空火箭和气球为标志,空间天文研究始于 20世纪 40 年代。空间科学技术的迅速发展,给空间天文研究开辟了十分广阔的前景。

地面天文观测有许多困难,如大气中臭氧、氧、氮分子等对紫外线的强烈吸收,地面紫外光谱观测无法进行;红外波段只有为数很少的几个观测波段;在射电波段上,短波被低层大气的水汽吸收,长波辐射则被电离层反射回空间;分子散射造成地球大气的非选择性消光作用等。

空间天文观测则基本不受上述因素影响,并且减轻或免除了地球大气湍流造成的光线抖动,提高了仪器分辨本领。

空间探测首先在近地空间、行星际空间方面取得重大突破。发现日冕稳定地向外膨胀,电离气体连续地从太阳向外流出,形成所谓太阳风。行星际空间探测清楚地揭示了行星际磁场的图像,激发了天体物理学家研究太阳光球背景场的兴趣。

紫外探测对星际物质的研究有特殊用处,因为星际物质包含有尘埃,它对不同波长的电磁辐射消光不同,这是研究星际尘埃本身的主要依据。根据大量空间观测得到的紫外波段消光的特点,人们得知星际尘埃含有线度约为0.1微米的石墨尘粒。星系存在强烈紫外辐射,并且显示出较大的紫外色余,这可能是星系中存在大量热星的表现。

恒星紫外辐射研究的主要内容是有关恒星大气模型的问题。早型星的强烈紫外连续谱辐射与恒星大气模型关系密切,可用来研究恒星大气。空间观测证实,有些晚型星存在明显的色球层或外围高温气体,说明恒星可能普遍存在色球和日冕结构。

对太阳射线的探测始于20世纪50年代末,高能量 γ 射线探测成功则是在1972年8月。这次探测证实,太阳 γ 射线爆发包含有熟知的特征发射线,被证明为是正负电子对湮没、中子俘获、碳12和氧16的核态向低能态过渡引起的辐射。这对高能耀斑物理研究具有重要意义。

空间天文学的独特贡献,特别是在20世纪70年代的一些重要发现,对天文学产生了巨大影响,从而使人类对太阳系、银河系、恒星演化、行星际和星系际空间等领域的了解发生深刻变化。这个最年轻的天文学分支学科是最活跃的。

天文学家都是哲学家吗

天文学是既古老又年轻的科学,它研究辽阔空间中的天体,也在探索着整个宇宙的来龙去脉和宇宙中生物的起源问题。

雄辩且富含哲理的天文学伴随着人类文明的脚步,孕育、产生并发展起来。在五千年有文字可考的人类历史中,关于天文现象的纪录从没有停止。

东方的文明古国,无论是巴比伦、埃及还是中国都用各自的文字书写出天文学的第一章。

在神秘的阿拉伯地区,幼发拉底河和底格里斯河世代滋润着两河文明,她后来被多种文化所传承,并大放异彩。从这里开始,古希腊天文学进入了发展期。早期希腊学派认为大地是有限且扁平的薄片,被空气、水和火包围着,大地薄片就飘摇在空气的漩涡中。毕达哥拉斯已经认识到地球是圆的,并且在不停地自转,同时也是宇宙的中心。柏拉图承认地球是圆的,却不同意地球旋转,他认为是包围着地球的星星在动。柏拉图的想法通过弟子亚里士多德传布于整个欧洲,支配了整个中世纪。

希腊天文学的发展是思维的产物,受制于希腊人好幻想的天性,其进展不时出现荒谬的观点。而罗马天文学发展伊始就有很好的路子。罗马人注重实际,不但取得工艺建筑上的辉煌成就,也在天文学上留下丰硕的果实。亚利斯塔克最先主张用科学方法研究天体,因而使天文学从哲学思辨中脱离,成为真正独立的学问。被尊称为"天文学之父"的喜帕恰斯,首先将星星分成 6 个亮度等级,于公元前 134 年绘制了西方第一份星表。而现代阳历的制定,是由同时期的索琴西斯完成,即当时的"儒略历"。

托勒密总结希腊和罗马的天文学,写出《大综合论》,在教会的影响下,这本书成为中世纪的天文典籍,并支配中世纪的欧洲达一千多年。再后来就是哥白尼、布鲁诺、伽利略、牛顿、拉普拉斯等闪耀着光辉的科学和哲学的巨人。

哲学在一般人眼里是高深莫测,但是人们还是不能放弃这类问题:物体是因为存在才有意义还是因为有意义而存在?宇宙是否可以认识?

有人说"最早的哲学家都是天文学家",这话不无道理。但哲学与天文学也有本质不同。天文学的眼光是向上的,而哲学即使偶有"仰望头顶的星空"之时,最终仍得低下高贵的头颅。关于这个世界是否值得居住,自己的人生是否有待检讨,众生的生活是否需要改进乃至重新设计,人如何才能在瞬息万变的世界上活得自由和尊严,凡此种种,哲学都有义务讲出道理。

天文史学研究什么

天文史学或天文学科学史是天文学的分支学科,也是自然科学史的组成部分。天文史学主要研究人类认识天体和宇宙的历史,探索天文学发生和发展的规律。

总结各国、各地区、各民族在天文学上的贡献,寻找其特点,阐明它们之间的关系,是天文史学的一项重要任务。

将整个人类认识宇宙的历史作为整体进行研究,是世界天文史学;研究地区、民族和国家的天文学发展的则是有关地区、民族和国家的天文史学。

世界天文史学和各地区、民族或国家天文史学又可以按时代划分成更细的分支。如考古(史前)天文史学、古代天文史学、中世纪天文史学、近代天文史学和现代天文史学。

科学史研究有三种方法:实证主义的编年史方法、思想史学派的概念分析方法和社会学方法。在天文科学史研究中还有内史与外史之别。内史主要研究某一学科本身发展的过程,包括重要的事件、成就、仪器、方法、著作、人物以及相关年代问题。外史侧重研究该学科发展与外部环境之间的相互影响以及该学科在历史上的社会功能和文化特点。

外史研究包括三重动因:科学史研究自身发展的需要;科学史拓展新的研究领域的需要;自然科学与人文科学的沟通。

对天文学事件、天文学家、天文学派和天文机构的研究,是天文史学的基本工作,可以对今天的科研工作提供参考和借鉴。

人类认识宇宙有赖于观测手段的改进。望远镜的发明、分光仪的使用、射电技术的成功、人造卫星的发射,都给天文学带来划时代的变革。研究天文仪器和技术设备的演变,也是天文史学的重要课题。

在人类历史的早期,天文学知识往往产生于占星术或文学故事。占星术多是迷信,故事多出于想象,它们都需要观测、推算星辰运动,对古代天文学发展有重要影响。要探明天文学的发展规律,就必须对这种影响进行科学的研究和分析。

天文史学研究从认识宇宙的过程阐明思维发展的规律,有助于全面、深刻地认识宇宙,掌握正确的宇宙观和方法论。

天文史学研究可以探明天文学研究的规律,为后续研究提供借鉴。有些天文学课题研究,如超新星爆发、地球自转速率的变化、太阳黑子活动等,需要长期积累观测资料。天文史学的研究可以对此做出许多贡献。

18 世纪到 20 世纪初,西欧国家的天文史学研究很广泛。在法国出版的天文史学著作中,较著名的有贝里的两卷本《天文史学》,杜恩的十卷本《世界体系》。后者从柏拉图写到哥白尼,堪称天文史学巨著。

近代天文学发展探秘

1609 年天文望远镜一问世,所获天文成果比人类用目力观测几千年的累积成果还多。它使天文学家有了敏锐的眼睛,促进了天文学的巨大发展。

近代天文学通常即指从 17 世纪初到 19 世纪中叶这段时期的天文学。哥白尼重新提出日心说引起天主教会的强烈不满,但是圣经改变不了事实。随着天文望远镜的发明和使用,新的观测证明,地球不是宇宙的中心。与此同时,西方发生了一系列革命:1640 年英国革命,1778 年美国独立战争,1789 年法国大革命。科学思潮摧垮了中世纪的思想枷锁,神学已经不能控制科学,飞速发展的天文学把古希腊人的成就抛在了后面。

近代天文最早的成就是开普勒行星运动三定律;古希腊人"行星作匀速圆周运动"的陈腐观念被彻底抛弃;万有引力定律为创立天体力学打下坚实基础;牛顿完美地解决了二体问题,即两个天体组成系统的运动规律。经欧拉、拉格朗日等数学家努力,天体力学逐渐发展起来,其标志是 18 世纪末拉普拉斯的巨著《天体力学》。19 世纪,天体力学得以发展,几乎成为天文学的代名词。1846 年海王星的发现是天体力学的辉煌象征,天文学家得到前所未有的荣誉。

18 世纪中后期,康德和拉普拉斯先后提出太阳系形成的星云说,太阳系演化学诞生。

19 世纪 50 年代以前,对天体的认识停留在位置、运动、距离等表观现象,对天体的温度、化学组成等性质一无所知。一些著名学者悲观地认为人类无法得到这些知识。

对于天体的物理性质的了解得益于 19 世纪 50 年代几乎同时诞生的三项技术:分光术、照相术和测光术。

1666 年,牛顿得到并解释白光的七色光谱。1814 年,德国光学家夫琅和费制造成功世界上第一台分光镜。1858 年,德国化学家基尔霍夫和本生研究解释了暗线形成原因。

1839 年,达盖尔银版照相术公诸于世。1840 年 3 月 23 日,德雷珀用照相术得到第一张天文照片——月面相。1850 年,邦德拍到第一批恒星照片。1851 年,英国摄影师阿切尔发明珂罗酊底片,缩短了底片曝光时间。

18 世纪中叶,法国人布盖出版《光的等级》。19 世纪 30 年代,约翰·赫歇耳用自制量星计测得南天部分亮星的亮度。

光学天文学何以兴起

相对于射电天文学、红外天文学、紫外天文学、X 射线天文学和 γ 射线天文学来说,光学天文学是利用天体在光学波段的辐射来研究天文现象的学科。狭义地讲,就是利用光学望远镜、光度测量仪器、分光仪器和偏振光测量仪器来观测和研究天体的形态、结构、组成和状态的学科。光学天文学是实测天体物理学的重要组成部分,是天文学中发展得最早的分支。

早期天文观测仅依靠眼睛,望远镜发明以后,人们利用仪器进行大量观测,可以确定天体的位置、分布和运动。

公元前 129 年,喜帕恰斯将目力所见的恒星分为 6 个亮度等级,并依据这样的分级编制星表。这实际上就是利用眼睛作为辐射接收器进行光度测量的结果,属于光学天文学的范畴。

1609 年,伽利略根据荷兰人的发明制造了世界上第一架天文望远镜,这位天才学者将望远镜指向星空,充分利用望远镜增大光通量和放大视角的作用,开创了现代光学天文学。他观测到月亮上的环形山、金星的盈亏,根据自己的观测绘制出月面图,他还观测到太阳黑子并判明银河系由恒星组成。

伴随着实际观测的需要,同时也受到科学技术发展的激励,光学望远镜口径越造越大,精密度越来越高。这种进步对天文学的直接影响,就是不断发现新天体并观测到新天象。光学天文学所使用的分光学、光度学和照相术三种物理方法应用于天文学领域,进一步奠定了太阳物理学、恒星物理学等天体物理学分支学科的基础。

在德国科学家基尔霍夫解释了吸收线产生的原因以后,分光学在天体观测中起到极重要的作用。通过光学观测和研究,科学家可以测定天体的温度、密度、压强等物理特性,甚至可以求得天体化学成分的数据。

正是因为这些事实和成果,光学天文学终于兴起并成为天文学的支柱之一。

何为实用天文学

实用天文学是天体测量学的分支学科。它以球面天文学为基础,研究并测定地面点坐标和两点之间的方位角,包括测量原理的研究、测量仪器的研制及其使用、观测纲要的制定、测量结果的数据处理及其误差改正等。

早期的实用天文学,根据测定目标和观测条件的不同,分为大地天文学、航海天文学和航空天文学。进入 20 世纪以来,随着近代无线电导航技术的发展,航海和航空天文学已经逐步发展成为导航学中的一个分支学科。因此,现代实用天文学的主要研究课题是地面点的天文定位问题。它为国土资源开发和经济建设提供有关的资料,并为地球物理学、地质学、地理学、制图学以及军事活动提供必要的参考数据。

在西方,早期航海和航空所使用的六分仪是传统的天文定位仪器,精度很低。大地天文定位使用高精度全能经纬仪,常用双星等高法同时接收无线电信号来测定经度,太尔各特法则适用于测定纬度,也可以采用多星等高法同时测定天文经纬度。测定方位角采用的是北极星时角法。近些年来逐步采用更为精确的 GPS 定位系统,其定位精度已经达到相当惊人的水平!

这些方法所得到的高精度天文经纬度测量结果,不仅为地面目标点提供准确的天文坐标,而且可以与大地坐标相结合,提供关于测站的天文大地垂线偏差。仪器的使用和改进、有利的观测条件、各种误差机制以及外界环境条件等因素,都能对天文定位测量造成影响。对于天文定位工作来说,除了需要高精度的观测仪器外,还必须对这些因素进行细致的分析研究,制定尽量合理的观测方案,以保证高精度观测结果。

英国天文学家托马斯·杨在 1818 年被任命为《航海天文历》的主持人,改进了实用天文学和航海援助工作。

人造卫星等新技术的出现为实用天文学开拓了新方向,利用人造卫星多普勒观测确定地面点坐标,精度已经超过经典的光学观测。人造卫星观测与测站的垂线无关,可以直接提供地面点的地心坐标,这就为建立全球统一的坐标系统以及准确测定地球的大小和形状创造了有利条件。但是,要深入了解地球重力场和大地水准面的细节,只能依赖经典的大地测量。

宇宙化学的任务

人类对宇宙物质化学的认识,经历了几个阶段。

早期,人们凭直觉猜测宇宙万物的组成。西周晚期,用金木水火土五行来说明万物的组成,用阳气和阴气解释自然界各种变化。古希腊人在 2 400 多年前就认为水、空气、火和土是构成万物的四种基本元素。

19 世纪上半叶,科学家对地球矿物和岩石进行大量的化学分析,并导致诞生宇宙化学的光谱分析方法。1833 年,瑞典化学家柏济利乌斯对陨石做化学分析,第一次测定了地球外宇宙物质的化学组成。1858 年,化学家本生和物理学家基尔霍夫一起研究太阳光谱。1859 年,基尔霍夫解释了太阳光谱中夫琅和费吸收线产生的原因,第一次证明了太阳的化学组成。

20 世纪 50 年代以来,大气外观测有了新发展,频谱分析由可见光扩展到射电波、红外线、紫外线、X 射线、γ 射线。60～70 年代,宇宙化学的研究手段日益增多,研究内容更加丰富。先是在星际空间发现星际分子,又实现了登月采集岩石标本,然后将分析仪器送上了火星。

宇宙化学是研究宇宙物质的化学组成及其演化规律的学科,也是天文学与化学之间的边缘学科。宇宙化学研究的对象包括陨石、月球、行星系天体、行星际物质、太阳、恒星、星际物质、宇宙线、星系和星系际物质等。

宇宙化学的任务之一是确定宇宙物质的组成,测定它们的相对和绝对含量。测定方法有两种:间接方法是:测定天体电磁辐射的特征谱线,例如对恒星作光谱分析,对星际物质作射电、红外、可见光波段的频谱分析;直接方法是:物质取样分析,例如测定陨石、月球岩样、宇宙尘、宇宙射线核成分等。天文学家除了证实宇宙物质由近百种元素和280多种同位素组成以外,还在宇宙物质中发现地球上尚未发现的若干种矿物和分子。

宇宙化学的另一个任务就是研究宇宙物质的化学演化,以便解释宇宙中不断地进行着化学演化。一般认为,元素氢是经由某种过程(如宇宙大爆炸)生成的,通过核合成过程(如恒星内部核合成、超新星爆发核合成等)再生成其他元素。

红外天文学技术

一般天体的红外辐射较弱,必须精选探测能力很高的红外探测器。用得较多的探测器是液氮制冷(77 K)的硫化铅光电导器件,液氢制冷(从 4 K 到小于 1 K)的锗掺镓测辐射计。

典型的地面望远镜在 10 微米波长观测红外源时,探测器接收到的源信号是 10^{-10} 瓦的量级,而背景辐射却有 10^{-7} 瓦。强背景噪声淹没了微弱的源信号,所以红外天文探测的根本问题是抑制背景噪声。红外探测器采取制冷措施就是为了减少元件自身的噪声。从事波长大于 5 微米的探测,望远镜系统中的一些其他部件甚至连整台望远镜都必须进行制冷。

在红外天文望远镜中还设置了调制机构,可以大大增加仪器探测弱信号源的能力。

首次红外巡天探测是美国用波长 2.2 微米的地面红外望远镜进行的。巡天探测发现亮于 40 央的红外源约 5 600 个。虽然其中大多数可证认为光谱型在 K5 型以后的恒星,属晚型巨星,然而,约有 50 个红外源在 0.8～2.2 微米有约 1 000 K 的色温度,并且大多数不与光学天体对应。

美国坎布里奇研究所 1971～1972 年曾 7 次用火箭在波长 4 微米、11 微米和 20 微米进行巡天探测,范围约占 79% 的天空区域。在 4 微米测到 2 507 个红外源,在 11 微米测到 1 441 个红外源,在 20 微米测到 873 个红外源。排除重复源,探测到的红外源总数约 3 200 个,以后又测到一些新源。

天文学家在小部分天区做过更长波段的巡天工作。美国的霍夫曼等人在 1970～1971 年用一个小气球上的望远镜,在波长 100 微米观测到极限通量密度 10 000 央的近百个红外源,这些源基本上沿着银道面分布。

已探测到的红外源包括太阳系天体、恒星、电离氢区、分子云、行星状星云、银核、星系、类星体等。在红外波段也对微波背景辐射进行过探测。近几年还在红外波段发现了新的星际分子谱线。

1983 年发射的 60 厘米 IRAS 红外天文卫星观测到 24 万多个红外源,这是最成功的红外探测。其次有 ISO 中红外空间天文台,大视场红外实验装置和深空近红外巡天装置等。宇宙背景探测器(COBE)也包含了红外波段,对 2.74 K 背景辐射的探测起到巨大作用。红外波段对于研究星系起源、恒星及其行星起源有十分重要的作用。因此,美国计划发射空间红外望远镜装置(SIRTF),同温层红外天文台(SOFIA),并在地面建造口径8米的专用红外望远镜(IRO)。

红外天文学的奥秘

1800年,英国著名天文学家赫歇耳在观测太阳时,用普通温度计首次发现红外辐射。1869年,罗斯用热电偶测量了月球的红外辐射。20世纪20年代,美国天文学家柯布伦茨等人对行星和一些恒星进行了红外测量。但是在20世纪60年代以前,因为缺乏有效探测手段,红外天文学进展缓慢。

第二次世界大战后,红外技术发展神速,各种高灵敏度红外探测器相继问世,气球、火箭以及人造卫星技术为在外空间的红外天文观测提供了方便。这些进步为现代红外天文学发展奠定了坚实基础。1965年,美国诺伊吉保尔等人用简易红外望远镜发现了红外星,现代红外天文学展开新篇章。

红外天文学是在电磁波红外波段研究天体的学科。红外波段包括波长0.7~1 000微米的范围,可分为两个区:0.7~25微米的近红外区和25~1 000微米的远红外区。也有人分为三个区:近红外区0.7~3微米、中红外区3~30微米和远红外区30~1 000微米。温度4 000度以下的天体,其主要辐射在红外区。因此诸如红巨星、原恒星、恒星延伸大气中的尘埃包层、气体星云和星际介质等都宜于在红外波段进行观测研究。

红外探测是观测被宇宙尘埃掩蔽的天体的得力手段。红外波段包括重要分子谱线,许多河外天体在远红外区辐射较强。这种背景使得红外天文学逐渐成为实测天文学重要领域之一。

星际介质对红外光吸收较小,对掩埋在气体和尘埃中的天体要用红外波段进行观测。随着半导体物理学的发展和军事侦察的需要,出现了高灵敏低热噪声的单元(测辐射热计)和阵列红外检测器件(红外CCD),红外天文学因而获得发展。已经和正在研制的大口径光学望远镜都是与红外共用的。

地面红外天文观测受地球大气的限制很大。大气中的水汽、二氧化碳、臭氧等分子,吸收了红外波段大部分的天体辐射,只有几个波段呈现为透明大气窗口。在这些窗口以外的波段进行天体红外观测,必须到高空或大气

外进行。地球大气具有一定的温度(约 300 K),自身的热辐射对探测工作、特别是对波长大于 5 微米的观测,会造成极强的背景噪声。为了摆脱大气影响,也必须到高空和大气以外去进行中、远红外探测。

什么是 X 射线天文学

通过 X 射线波段(0.01~100 埃)来研究天体的学科,称为 X 射线天文学。

宇宙中某些天体发出 X 射线,在传向地球时受到地球大气严重阻碍。因此,虽然 X 射线探测在 20 世纪 40 年代就已开始,而成为独立的学科,则迟至人造地球卫星上天后才做到。

在弥漫 X 射线背景测量中,各向同性的宇宙 X 射线背景辐射的发现,是 20 世纪 60 年代 X 射线天文学的重大成就之一。

1974 年以后几年,英国科学家依靠卫星相继发现的宇宙 X 射线爆发和暂现 X 射线源,被公认为 20 世纪 70 年代天文学重大发现。这些射线源释放能量之大、释放速度之快、贮能密度之高和特殊的再现周期,一直是现代高能天体物理学研究课题。

X 射线光子能量并不相同,需要采用相应的探测仪器。例如探测软 X 射线和探测极软 X 射线就分别需要铍和有机玻璃做计数窗口材料。在空间探测中,最近发展了一种自动调节流气技术,保证计数器的响应处于稳定可靠状态。当然,它的制造工艺更为复杂。

为了提高非太阳 X 射线源探测的灵敏度,需要大面积铍窗正比计数器。美国小型天文卫星"自由号"使用的正比计数器,面积为 840 平方厘米、厚度只有 50 微米。更高能量的探测,需要采用闪烁计数器。

不管正比计数器还是闪烁计数器,本身都没有成像和定向功能。要证认 X 射线源并精确定位,应当在计数器上加准直器,因而促进了准直技术的发展,软 X 射线波段多用丝栅型准直器,用于硬 X 射线波段的多为板条型和蜂窝状。

将掠射光学原理应用于 X 射线天文,可以实现大面积 X 光聚焦成像,制成高分辨率 X 射线望远镜。这种 X 射线望远镜提供了将探测区域扩大到宇宙深处的可能性。

X 射线天文学从诞生时起,在短短 20 多年时间内发现了前所未知的一批新型天体,获得了光学天文学和射电天文学不能得到的天体信息。X 射线天文学以其自身特点站稳了在空间天文学中的重要地位。

射电天文学的兴起

射电天文学是采用无线电波来研究天体和天文现象的一门学科。由于地球大气的吸收和阻挡,从天体传来的电磁波只有波长约 1 毫米到 30 米左右的才能到达地面。迄今为止,绝大部分的射电天文研究都在这个波段进行。

1928 年,美国电话电报公司在发展跨越大西洋的无线通信业务中,正式研究消除各种干扰的方法,以便提高话音通话质量。尽管对来自太空的射电干扰并不陌生,但是要消除这些干扰,还得先弄清这些干扰信号的各种参数。

央斯基生活在无线电技术迅猛发展的时代。1931 年,他在美国新泽西州贝尔电话实验室研究和寻找干扰无线电波通讯的噪声源时,发现除去两种雷电造成的噪声外,还存在着第三种噪声,很低又很稳定的"哨声"。央斯基对这一噪声进行了一年多的精确测量和周密分析,终于确认这种"哨声"来自地球大气之外,是银河系中心人马座方向发射的波长为 14.6 米的无线电波辐射(也称为射电辐射)。意外发现引起天文学界的震动,也令时人迷惑,人们难以相信一颗恒星或一种星际物质会发出如此强的无线电波。

央斯基之外,年轻的无线电接收机设计师雷伯也在进行类似研究。雷伯在自家后院架设起直径 9.6 米的抛物面天线,成就了世界上第一台真正的射电望远镜。雷伯坚信央斯基的发现是真实的。1939 年 4 月,雷伯将天线对准央斯基曾经收到宇宙射电波的天空,不但重新发现并证实了央斯基的发现,同时还发现人马座射电源发射出许多不同波长的射电波:他接收到 1.9 米的无线电波。雷伯用 10 年时间绘制出第一幅射电天图。1940 年,雷伯发表了他的研究成果,引起世人重视。

但是战争中断了刚刚起步的射电天文学研究,射电天文波段的无线电技术到 20 世纪 40 年代才真正开始发展。二战期间,英国人首先发明了雷达。1942 年 2 月,在英国部队许多雷达站里,同时发现突然的干扰。排除德

国使用反雷达新式武器的可能性以后,太阳成了首先被确定的射电源。这一重要发现使天文学家认识到,宇宙天体就像发射可见光波一样发射无线电波。科学家由此开拓了通过无线电波探索宇宙奥秘的新途径,射电天文学逐步发展起来。射电天文学以无线电接收技术为观测手段,观测的对象遍及所有天体:从太阳系成员到银河系,直到极其遥远的银河系以外的目标。

虚拟天文台——计算机天文台

通常到天文台去使用大型天文观测仪器,都要经过申请、准备、观测、整理数据等一系列步骤和过程。天文学家为了使用世界上最好的天文观测仪器,有时得要等半年甚至一年多。如果在约定时间遇到某种意外而不能观测,则前期的准备可能都要付诸东流。

虚拟天文台的诞生可能会根本改变这种国际上沿袭了上百年的天文观测模式。

从20世纪80年代末以来,科学技术进步为传统的天文学观测和研究带来改革希望。例如新型天文观测仪器有突飞猛进的发展,天文望远镜设计理论和制造水平发生了很大变化,高分辨率电子耦合灵敏探测器(2 048×2 048像素 CCD)广泛使用,计算机处理数据能力和信息传输速率也成倍提高。

近20年来相继投入使用大型观测设备,包括10米级的大口径光学望远镜、2.5米级的空间望远镜、X射线空间天文台、近红外望远镜以及厘米波、毫米波射电望远镜,都要产生大量数据。例如美国的哈勃空间望远镜,每天的观测数据可达数百亿比特,使天文学家倍感应接不暇。巨量的观测数据令天文学家兴奋不已,也对数据处理的理论、方法和工具提出了新要求。过去因缺乏足够的观测数据而无法进行数值模拟,而现在可以将复杂的数值模拟结果与观测数据进行科学的对比验证。

面对新局面,美国提出建立"国家虚拟天文台(National Virtual Observatory)",试图将空间与地面多波段巡天得到的海量数据收集起来,传送给需要这些数据的科学家和各种计算机、网络。这里提到的巡天,就是对整个天区进行观测、普查。这种虚拟天文台将为天文学带来一场新的革命,在未来

几年中它扮演着把天文学带入巨大进步的关键角色。

　　利用可视化工具和望远镜巡天得到的数据把所观测天体再现出来,就是一个数字虚拟天空。综合利用光学巡天、γ 射线巡天、X 射线巡天、紫外巡天、红外巡天和射电巡天所得到的观测数据,可以构成全波段的数字虚拟天空。进而通过可视化软件按要求显示巡天观测的任何部分的天空,这几乎就是一台巨型的天文望远镜。在此基础上增加计算、检索、统计分析等软件工具,虚拟天文台的功能将更加强大。

二、探索宇宙之谜

伽利略天文发现之谜

作为科学家,伽利略终究有过人之处。1609年8月的一个夜晚,伽利略把自制的人类历史上第一台天文望远镜指向了星空。这台望远镜口径44毫米,长1.2米,放大32倍。

伽利略首先观看了地球的邻居——月亮,他的第一次观测就令他惊恐万状:被亚里士多德断言为"完美无缺"的月球,在望远镜里是完全不同的世界。大块的平原(月海),绵延、陡峭的山脉,密布的大大小小的坑穴……

他观测了行星和普通的恒星,行星在望远镜中呈现出圆面。恒星在望远镜里仍是小亮点,说明它们距离地球比较远。

他观测了银河,看到茫茫的银河是由无数小如针尖的星点组成,数目绝不是亚里士多德所说可以数得出来。

1610年1月7日,伽利略观测木星,发现木星周围有几个围绕木星运动的小天体,经过逐夜连续观测记录,他最终认定那是木星的卫星。这是人类第一次发现月球以外的天然卫星。他还观测了土星,土星圆面的两个耳状突出物使他迷惑不解。事实上,那是土星的光环,他的望远镜分辨率不够,不能将圆环与土星本体区分开。1610年,伽利略写了一本小册子《星际使者》,全面介绍了望远镜的新发现,引起欧洲学术界的轰动。

伽利略继续观测,他希望能为哥白尼的日心说找到一些证据。1610年9月,伽利略观测了金星,注意到金星居然呈现出新月形状。根据日心说,地球轨道以内的天体在围绕太阳运行时都要出现位相,望远镜出现之前,看不

到金星等天体的位相,是反对派的"证据"。现在,伽利略的发现至少说明金星是绕日运动的。1610年年末,伽利略发现太阳表面有一些黑色斑块——黑子,这些黑子还在日面上移动。经过长时间观测,伽利略确信这是太阳自转引起的。庞大的太阳都有自转,地球有什么理由不能自转?1613年,伽利略出版了另一本小册子《关于太阳黑子的书信》,介绍了他的上述发现,再次引起欧洲学术界的震动。

随着望远镜性能的提高,近代天体测量学也发展起来。望远镜越来越大、越来越精密,从最早的伽利略制作的44毫米折射镜,发展到1845年罗斯公爵的1.8米反射镜。天文望远镜是最先实现大型化的科学仪器。经过仪器制造专家和天文学家的共同努力,19世纪40年代人类最终征服了恒星视差,测量出了恒星的距离。这些成就足以使我们傲视古人。

牛顿与天体力学

天体力学主要应用力学规律来研究天体运动和形状,是天文学和力学的交叉学科,在天文学中是形成较早的学科。

天体力学早期研究对象为太阳系内天体,主要是确定日、月和行星轨道,编制星历表,计算质量并根据它们的自转确定天体形状等。20世纪50年代以后,增添了对人造天体和一些成员不多的恒星系统的关注。

天体力学以数学为主要研究手段,天体内部和相互之间的万有引力是决定天体运动和形状的主要因素。虽然已发现万有引力定律与某些观测事实发生矛盾(如水星近日点进动),而用爱因斯坦的广义相对论却能对这些事实作出更好的解释,但是对绝大多数课题来说,相对论效应并不明显。因此,在天体力学中只对某些特殊问题才应用广义相对论等理论。

公元前1 000多年以前,中国等文明古国就开始用太阳、月亮和大行星等天体的视运动来确定年、月和季节。随着观测精度的提高和观测资料的积累,人们开始研究这些天体的真运动,预报它们的位置和天象,给农事活动和航海提供参考。

历史上出现过各种太阳、月球和大行星运动的假说,但直到1543年哥白尼建立起日心体系,才出现反映太阳系真运动的模型。开普勒根据第谷的行星观测资料,于1609~1619年间先后提出著名的行星运动三定律,至今仍有重要作用。到这时为止,人们对天体(指太阳、月球和大行星)的真运动仅处于描述阶段,还不能深究行星运动的力学原因。

中世纪末期,达·芬奇曾提出不少力学概念,人们开始认识到力的作用。伽利略的巨大贡献推出了动力学雏形,为牛顿三定律的发现奠定了基础。牛顿根据前人在力学、数学和天文学方面的成就以及他自己20多年的精心研究,在1687年出版的《自然哲学的数学原理》中提出了万有引力定律。牛顿实际上是天体力学的创始人,虽然"天体力学"不是他的创意。

天体力学诞生300多年以来,按研究对象和基本研究方法的发展过程,大致可划分为奠基时期、发展时期和新时期。

自天体力学创立到19世纪后期,是天体力学的奠基时期。牛顿和莱布尼茨共同创立的微积分成为天体力学的数学基础。这期间,天文学家采用摄动理论研究大行星和月球,拉格朗日是大行星运动理论的创始人。拉普拉斯出版了五卷16册巨著《天体力学》,在第一卷中使用天体力学这个名词。

1846年,勒威耶和亚当斯各自独立"计算"出海王星轨道,这是经典天体力学的伟大成果。

宇宙射线之谜

宇宙射线的发现是另一项科学实验的副产品。1912年,德国科学家汉斯带着电离室乘气球升至5 000米高空,准备做测定空气电离度的实验,发现电离室内的电流随海拔升高而变大,从而认定电流是来自地球以外的一种穿透性极强的射线所产生的,于是有人为之取名为"宇宙射线"。

科学家至今还不能准确说出宇宙射线来自何处,但普遍认为可能来自超新星爆发,或遥远的活动星系。科学家希望接收这些射线来研究它们的起源和宇宙环境中的微观变换。

宇宙射线是由质子、氦核、铁核等组成的高能粒子流,也含有中性 γ 射线和能穿过地球的中微子流。它们在星系际银河和太阳磁场中得到加速和调制,一部分最终穿过大气层到达地球。除中微子外,外来高能宇宙射线在穿过大气层时都要与氧、氮等原子核发生碰撞,并转化出次级宇宙线粒子,而超高能宇宙射线的次级粒子有足够能量产生下一代粒子,因而将产生庞大的粒子群。这一现象是1938年由法国人奥格尔在阿尔卑斯山观测发现的,

并取名为"广延大气簇射"。奥格尔还发现高达 10^{15} 电子伏特量级的能量,超过当时已知的 1 000 万倍。

1949 年,费米发表宇宙射线理论,尝试以超新星爆发的磁力冲击波来解释宇宙射线的粒子加速机制,但是未能解释最高能宇宙射线的存在。

宇宙射线主要由质子构成,人们一向认为它是在超新星爆炸时产生的。由于银河系磁场的作用,宇宙射线发生折射,因而它到底来自哪个天体一直是一个谜。

1927 年,斯科别利兹用云雾室摄得宇宙射线痕迹照片。

1932 年,利用云雾室,安德森发现源自宇宙射线的反电子痕迹。密立根指出,宇宙射线的本质是 γ 射线,但证据指出,大部分宇宙射线都是高能粒子,因而引起一场争论。

1962 年,利用新墨西哥州的探测器阵列,林斯利与其合作者探测到第一颗能量高达 10^{20} 电子伏特的宇宙射线。

1966 年,彭齐亚斯和威尔逊发现宇宙弥漫着低能微波背景辐射。格雷森等人指出,由于微波背景辐射的影响,宇宙射线的能量应低于 5×10^{19} 电子伏特。

对宇宙射线的微观研究主要依靠空间、地面和地下(水下)的观测。为了长期有效地观测宇宙射线,各国相继建立了观测站。1943 年,前苏联在亚美尼亚建立了海拔 3 200 米的阿拉嘎兹高山站;日本在战后建立了海拔 2 770 米的乘鞍山观测所;1954 年我国建立了海拔 3 200 米的云南东川站。

宇宙 X 射线的发现之谜

X 射线的发现(1895)是 19 世纪末 20 世纪初物理学三大发现之一,另外两项是放射线(1896)和电子(1897)。

19 世纪末,阴极射线是物理学研究课题,许多物理实验室都开展此类研究。1894 年 11 月 8 日,德国物理学家伦琴将阴极射线管放在黑纸袋中,关闭灯源,当接通放电线圈电源时,一块涂有氰亚铂酸钡的荧光屏发出荧光。用一本厚书或 2～3 厘米厚的木板或几厘米厚的硬橡胶隔在放电管和荧光屏之间,仍能看到荧光。水、二硫化碳或其他液体不能隔离这种射线,不太厚的铜、银、金、铂、铝等金属物体也不能阻挡。伦琴意识到这种穿透力特别强

的射线可能是一项新发现。

伦琴在实验室里对此进行彻底研究,6 周以后,确认这的确是一种新射线。1895 年 12 月 28 日,伦琴向德国维尔兹堡物理和医学学会递交了第一篇与此有关的报告:"一种新射线——初步研究"。伦琴在报告中把新射线称为 X 射线。

1905 年和 1909 年,巴克拉曾先后两次发现 X 射线的偏振现象,但是不清楚它是电磁波还是微粒辐射。1912 年德国物理学家劳厄发表"X 射线的干涉现象",因发现 X 射线通过晶体时产生衍射现象,证明了 X 射线的波动性和晶体结构的周期性。

X 射线现已广泛应用于晶体结构分析、医学等领域。对促进 20 世纪包括天文学在内的科学发展产生了巨大而深远的影响。天体所发出的 X 射线可以穿透充满大量宇宙尘埃和气体物质,因此是人类了解宇宙的一种很好介质。

宇宙 X 射线源的光学认证研究具有多方面的科学意义。例如,结合了光学波段的信息,可以获得各类 X 射线源的光度函数及其随红移的演化情况。因而,这些信息还可以用来约束各种产生宇宙 X 射线背景的理论模型。

γ 射线爆发之谜

γ 射线爆发(伽马暴)是 20 世纪 60 年代末偶然被发现的,至今仍是天文学的基本问题之一。过去几年,卫星探测器差不多每天都可观测到一次伽马暴。这些观测结果表明,伽马暴似乎是发生于宇宙学距离上,这与 1991 年之前的预料大相径庭,使很多人觉得难以接受。

2002 年 2 月 22 日,在遥远的宇宙中出现了一次极强的伽马暴。科学家认为,这次爆发极可能是黑洞与受它影响的近距恒星之间的一场类似宇宙舞蹈的能量产物。

这次爆发仅仅是这场宇宙探戈释放能量的一小部分。黑洞的真正恒星舞伴已经变成了像炸面饼一样的恒星环,恒星残核被黑洞紧紧地拉住,使其绕着黑洞越来越快地转动,并最终被黑洞撕碎,而黑洞却在作最后的喘息。在这一过程中,恒星环很像一个过客,它从黑洞吸取巨大的能量,缠绕在两个宇宙天体的磁力线,不断地将能量向宇宙空间辐射出去。

　　科学家提出一个上述互动过程中释放能量的模型:沿黑洞旋转轴的束状喷流中释放的能量,将作为伽马暴被探测到,而黑洞的主要能量是以引力波的形式从恒星环辐射出去。该模型解决了观测证据的一个佯谬:伽马暴被束缚成中等能量束。但是,作为伽马暴可能来源,旋转黑洞的大部分能量是各向释放出去的。

　　普特顿认为,天体物理的暂现事件中,宇宙伽马暴是研究克尔黑洞最有价值的信息源。伽马暴起源于非常致密的区域,直径也许只有 10～30 千米,与此相吻合的天体只有克尔黑洞,克尔黑洞转动得如此之快,以至其三分之一的能量都以转动形式存储着。根据广义相对论的推论,克尔黑洞的表面没有细部结构。如果克尔黑洞活动的话,它的发光是各向性的,但是,这种强大的引力作用至今未被地面探测仪器检测到。

　　从被黑洞撕拉推动到最后被吞噬,恒星环还绕黑洞旋转大约 20 秒,在这段时间,黑洞的转速达到恒星环转速的两倍时,沿黑洞的转动轴将发射能量喷流。这些喷流在离黑洞约 20 亿千米距离时,它们以伽马暴的形式耗散自己的动能。

　　从恒星环的幸存来说,20 秒已经很长。科学家断言,它肯定从黑洞接受能量,并以引力波的形式向各个方向发射出去。如果恒星环转动时没有接受黑洞的能量,就会被吸进黑洞。如果恒星环接受所有并且没有传递它大气里的全部能量,它将被吹开。

　　利用钱德拉 X 射线望远镜观察 γ 射线的余晖时,发现了前所未见的现象,这对了解宇宙最强烈爆炸的起源提供了线索。

宇宙自由行星之谜

　　对于天体的运行,已经通过观测积累了大量事实:恒星受星系的制约在星系内运行,行星围绕恒星旋转,卫星围绕行星旋转。科学家基于这样的认识解释各种天象,搜寻太阳系外行星。那么,有没有不受恒星制约的自由行星呢?

　　1919 年,第一次世界大战硝烟刚散,爱丁顿爵士就率领他的观测小组来到西非普林西比岛,准备进行一次划时代的日全食观测。这次远征非洲,排除仪器和天气因素,爱丁顿成功验证了广义相对论有关引力透镜的预言。

大质量天体周围存在着强引力场,在它附近穿过的光线有聚拢的趋势,即所谓"引力透镜"现象。有时星体的质量不足够大,不能使星象的位置发生变化,但是聚拢的光线可使星象增亮一段时间,这就是"微引力透镜"效应。

科学家在测量球状星团 M22 时,偶然探测到"微引力透镜"效应。核球是银河系中恒星最密集的区域,M22 掩在它们之前,造成微引力透镜的几率也就更大一些。

从 1999 年 2 月开始,天文学家监测了核球中的 83 000 多颗恒星,共探测到 7 起微引力透镜事件。其中的一次,一颗核球恒星在 17.6 天内亮度起伏了 10 次。通过计算,这是一个约 1/8 太阳质量的天体引起的。另外的六次就比较反常,每一次背景核球星亮度都突增 50%,只持续几小时,第二天观测时不再重现。天文学家不敢绝对肯定这是不是微引力透镜效应。

科学家估计,引起微引力透镜的天体至少有 1/4 木星质量,而令人惊讶的是它并不绕任何恒星运动。从这次发现的数量来看,M22 的十分之一的质量都是由这种自由行星组成的。

持怀疑态度的波茨坦天体物理研究所的科学家指出,4 个月看到 6 次偶然事件,并不表明连续七天就能看到一次。

然而,如果结果能被进一步证实,那么,这些自由行星很可能不是偶然出现的天体,而是宇宙中非常普遍的现象。

尽管有越来越多的证据支持自由行星的存在,但仍不能断然下结论。

最近,天文学家为自由漂浮行星的形成过程提出了两种假说。一种是,这些行星形成于恒星周围的行星系,在其形成后脱离了这一星系。另一种是,这些星体是单独形成的,或者在其形成过程初期没有依附于任何恒星。天文学家认为,无论对于哪种形成方式,目前已有的解释和定义都是不充分的。需要提出新的解释并作出新的定义,以帮助人们更加清楚、准确地在行星与其他星体之间进行区分。

天体运行轨道的奥秘

19 世纪后期到 20 世纪 50 年代,是天体力学的发展时期,庞加莱的《天体力学的新方法》(1892～1899)是这个时期的代表作。19 世纪后半叶,小行

星、彗星和卫星被大量发现,并新添为天体力学研究对象。

天体力学还使用定性方法和数值方法。定性方法由庞加莱和李亚普诺夫创立,他们还建立了微分方程定性理论。但到20世纪50年代为止,这方面进展不快。数值方法的出现最早可追溯到高斯。19世纪末,科威耳和亚当斯建立了天体力学基本数值方法,但是在计算机出现以前应用不广。

20世纪50年代以后是天体力学的新时期。天体力学的研究对象扩展到各种人造天体和成员不多的恒星系统。数值方法的迅速发展解决了许多实际问题,促进了各种理论问题研究。

现代天体力学涉及六个方面的问题,都直接或间接地与天体运行轨道有关。

(1)摄动理论:这是经典天体力学的主要内容,研究各类天体的受摄运动,求出它们的坐标或轨道要素的近似摄动值。

(2)数值方法:研究天体力学中运动方程的数值解法。主要研究和改进现有的各种计算方法,研究误差的积累和传播,方法的收敛性、稳定性和计算的程序系统等。

以上两个次级学科都属于定量方法,现有各种方法还只能用来研究天体在短时间内的运动状况。

(3)定性方法:探讨天体轨道的性质,尤其是用定量方法不能解决的天体运动和形状问题。研究天体特殊轨道的存在性和稳定性,如周期解理论、碰撞问题、俘获理论等。在定性理论中大量应用拓扑学方法,有些文献把它叫做拓扑方法。

(4)天文动力学:研究星际航行的动力学问题,又称星际航行动力学,是天体力学和星际航行学之间的边缘学科。主要研究人造卫星、月球火箭和各种星际探测器的运动理论。

(5)历史天文学:利用摄动理论和数值方法建立各种天体历表,研究天文常数系统以及计算各种天象。

(6)天体形状和自转理论:由牛顿开创,主要研究各种物态的天体在自转时的平衡形状、稳定性以及自转轴的变化规律。

天体力学同数学、力学、地学、星际航行学以及天文学的其他分支学科都有相互联系。如天体力学定性理论与拓扑学、微分方程定性理论就有着

紧密联系。一些特殊问题也属天体力学研究范围,如三体问题的积分、限制性三体问题等。

天体物理学研究

天体物理学是天文学三大基础学科之一,它应用物理学的技术、方法和理论,研究天体的形态、结构、化学组成、物理状态和演化规律。

天体物理学分为太阳物理学、恒星物理学、恒星天文学、星系天文学、宇宙学、宇宙化学、天体演化学,分支学科还包括射电天文学、空间天文学、高能天体物理学等。

天体物理学的孕育时期经历了许多重大事件:公元前129年古希腊天文学家喜帕恰斯目测恒星光度;1609年伽利略使用光学望远镜观测天体并绘制月面图;1655～1656年惠更斯发现土星光环和猎户座星云;哈雷发现恒星自行;18世纪老赫歇耳开创恒星天文学等。

18世纪中叶,分光学、光度学和照相术等物理方法广泛应用于天体的观测研究以后,对天体结构、化学组成、物理状态的研究逐渐成熟,天体物理学开始成为天文学独立的学科。

1859年,基尔霍夫对太阳光谱的吸收线(夫琅和费谱线)作出科学解释。他认为吸收线是光球所发出的连续光谱被太阳大气吸收而成,该发现启发天文学家用分光镜研究恒星。1864年,哈根斯用高色散度的摄谱仪观测恒星,认证出某些元素的谱线,后又根据多普勒效应测定了一些恒星的视向速度。1885年,皮克林首先使用物端棱镜拍摄光谱,进行光谱分类。通过对行星状星云和弥漫星云的研究,在仙女座星云中发现新星。这些发现使天体物理学不断向广度和深度发展。

1905年,赫茨普龙在观测基础上将部分恒星分为巨星和矮星。1913年,罗素按绝对星等和光谱型绘制恒星演化的赫罗图。1916年,亚当斯和科尔许特发现相同光谱型的巨星和矮星光谱存在细微差别,确立用光谱求距离的分光视差法。

在天体物理理论方面,1920年,萨哈提出恒星大气电离理论,通过埃姆登、史瓦西、爱丁顿等人的研究,关于恒星内部结构的理论逐渐成熟。1938年,贝特提出氢聚变为氦的热核反应理论,成功地解决了主序星的产能机制

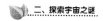

问题。

太阳是离地球最近的一颗普通恒星,研究有关地球的科学,必须考虑太阳的因素。对太阳的研究经历了从研究它的内部结构、能量来源、化学组成和静态表面结构,到使用多波段电磁辐射研究它的活动现象的过程。

对行星的研究是天体物理学的重要任务。近 20 年来,对彗星的研究以及对行星际物质的分布、密度、温度、磁场和化学组成等方面的研究都取得了重要成果。随着空间探测的进展,太阳系的研究又成为最活跃的领域之一。

行星物理奥秘

作为太阳系物理学的分支学科,行星物理学的任务包括:研究行星和卫星的表面构造、表面覆盖物的特性、表面温度及其周期变化;测定行星和卫星各种物理参数;研究行星和卫星大气构造、物理状态和化学组成;研究行星内部结构、磁场以及太阳风与行星的相互作用。

研究行星内部结构主要是揭示行星的组成、物理化学性质各不相同的行星内部分层。目前还不能直接用观测手段来探测行星内部,只能根据行星质量、半径、密度、扁率和动力学椭率、自转等观测资料来推断行星的结构模型。

行星内部存在高压,反映行星内部凝聚物质状态的方程极为复杂,因而行星内部结构理论远不如恒星内部结构理论进展迅速。但是,冷固态氢和固态氦的状态方程已经精确地确立,某些元素和化合物也有类似的状态变化。

望远镜的发明为行星和卫星的物理研究提供了条件,用望远镜进行观测,行星的许多表面特征尽现眼前。

19 世纪中叶以后,照相术、测光术、分光术被广泛应用于对行星和卫星的观测研究。随后,偏振测量也被广泛地应用到行星物理研究,测量行星表面不同部分反射光的偏振,对了解行星表面结构和特性十分重要。

20 世纪上半叶,射电天文学的诞生扩大了对行星和卫星观测的波段。可以直接接收行星和卫星表面发出的射电辐射,除地球和冥王星,其他七颗大行星的射电辐射都已经接收到,其中木星、天王星、海王星还有射电爆发。

雷达观测则可以测定行星表面特征,甚至测绘表面图。

20世纪50年代末以来,相继向月球、金星、火星、水星、木星和土星发射了各种探测器,以逼近、绕转、着陆等方式,通过照相、测量、采样分析以及宇航员的实地考察和取回样品,对月球和行星作了深入的研究。

太阳风将行星磁场限制在一定区域内,这个区域称为行星磁层。磁层内充满等离子体,其物理性质和过程受该行星磁场的支配。一般说来,磁层的外边界只在向日方向是清晰的,在背日方向则模糊不清。在向日方向,可以回到行星表面的磁力线与不能回到行星表面的磁力线之间存在着截然的界线,太阳风流动的动压与行星磁场的磁压相等处就是界面。在背日方向行星磁力线与太阳风场连在一起,没有明确界面。

现已发现水星、地球和木星有磁层,水星的磁层很像地球的磁层,不过规模较小。木星有更强的、结构更复杂的磁层,同地球磁层差别较大。

行星运动奥秘

自古以来,人们不但注意到太阳的夜伏昼出和月球的圆缺变化,还注意到金星、木星、水星、火星、土星五大行星在天上的运动。古代巴比伦人凭观测事实能相当准确地认识行星公转周期,并能将观测到的运动用经验公式表示出来。中国古代学者也很早就测定了行星公转周期和会合周期,在马王堆出土的帛书中就有这方面的记载。

稍后,希腊人用几何方法来解释行星的运动,公元2世纪时出现的托勒密地心体系就是这些学说的代表。这个体系统治欧洲天文学长达14个世纪,直到哥白尼的日心体系出现后,才把被颠倒了的太阳和地球的位置重新摆正。当然,哥白尼也未能摆脱圆周运动的旧观念。

第谷一生积累了大量天文观测素材,到17世纪,后继者开普勒系统地分析了这些观测资料,发现行星绕日轨道并不是圆周,而是椭圆,从而归纳出著名的行星运动三定律。

开普勒定律相当准确地揭示了行星运动规律,解释了当时已知的行星运动现象。但是开普勒定律仅是对行星运动现象的概括描述,而不能对行星运动作出动力学解释。开普勒本人也注意到,他的理论不能满意地解释木星和土星的运动。

1687 年,牛顿发现万有引力定律,为行星运动的动力学解释提供了理论依据。按照牛顿的理论,行星若只受太阳引力的作用,则它的运动就遵循开普勒定律,只是开普勒第三定律需要做微小修正。实际上,行星不仅受到太阳引力的作用,还受到其他行星引力的影响,所以行星运动轨迹相当复杂。直到今天,人们还不能得到行星运动方程的严格解。

在 18、19 世纪,由于航海定位需要,一些国家先后制定、出版天文航海历书,建立行星运动方程近似解的分析理论成为当时天体力学的一个主要课题。很多杰出的数学家都将精力投入这一研究,并且取得很大的成就。

在太阳系中,太阳质量比行星大 1 000 倍以上,因而太阳对行星的引力远比行星相互之间的引力大。在求行星运动方程的近似解时,通常可从二体问题出发,研究真实轨道运动对椭圆运动的偏离,求出摄动影响的分析表达式。这是一种简化求解方法,但是便于计算行星在较长时间内的具体位置,也可以了解行星轨道运动的一些性质。

近 20 年来,空间技术的发展和雷达、激光测距在行星定位上的应用,为研究行星运动积累了大量丰富精确的观测资料,同时也向理论工作者提出了更高的要求。特别是新的天文常数系统的采用和行星质量系统的重新测定,使革新现有的行星运动理论和行星历表成为当务之急。近年来在这方面已有不少成就,其中包括用轨道要素摄动法建立的文字理论和用穆森的坐标摄动法建立的半分析理论等。

恒星物理奥秘

在探索宇宙的进程中,不时会发现恒星上有奇特的物理现象,这些发现启发和推动着现代物理学的发展。应用物理学知识,结合实验和理论研究各类恒星的形态、结构、状态和组成,就是恒星物理学的任务。

一般认为,恒星是由炽热的气体组成、自身能发光的球状或类球状天体。后来发现,有些天体不完全符合这一定义,例如致密星就不是气体组成的。恒星更具普遍性的特点应来自电磁辐射,所以研究恒星所必需的资料几乎全部来自恒星的电磁辐射,近年来更有可能检测恒星的高能粒子和引力波效应。科学家主要使用各种光学、红外线、射电和 X 射线等天文望远镜接收天体的各种辐射信息。这些望远镜还附属照相、光电、分光、偏振等仪器以及热、微波、频谱、能谱等检测装置,借此可以测量恒星在不同波段的辐射强度、能谱、谱线结构、偏振状态、角直径、角间距、视面结构和角位移等物理量。

恒星物理学研究恒星的方法和作用主要有:应用热辐射理论推出恒星表面的有效温度;应用谱线位移并辅助几何方法确定恒星自转特性、双星特性或脉动特性(结合光度变化特性);利用引力理论、辐射理论和脉动理论推导双星轨道半长径、子星半径和质量、脉动变星平均半径和平均密度;应用谱线的形成和致宽理论推出恒星大气的电子压力、气体压力、不透明度、元素的丰度以及恒星的光度;应用核物理理论推知恒星的产能机制及变迁,结合辐射转移理论可建立恒星模型,用以研究恒星内部结构;应用塞曼效应推知恒星磁场;应用引力理论、粒子理论探讨恒星晚期超密态各种现象;应用等离子体理论探讨星冕、星风、质量交流和质量损失等恒星大气现象;综合应用各种物理理论探讨恒星的形成和演化。

恒星大气是可以直接观测到的恒星外层部分。应用分光技术、辐射平衡和转移理论、恒星大气模型理论,可以部分解释连续光谱、吸收光谱和发射光谱的形态、形成机制、演变过程和致宽因素,并弄清楚恒星大气中光球、反变层、色球层、星冕等不同层次的物理状况和相互关系,以及大气中的元素丰度等,并根据较差自转来探讨恒星大气内层的情况。

恒星运动奥秘

恒星物理还研究从恒星中心到表面各层的物态和物理过程,恒星内部输送能量和维持温度梯度的物理机制,恒星质量、光度、半径和表面温度等时序变化和相互关系,恒星产能和维持辐射的核物理过程,元素合成理论及元素丰度。

许多恒星的光变有脉动特点,它是恒星演化到一定阶段的必然结果。根据某些脉动变星的周光关系,可以确定恒星和其他天体的距离。

多种恒星有不同能级的爆发。从年轻的耀星、金牛座 T 型变星到老年和临近死亡的新星、超新星,都有爆发现象。解释爆发现象的物理机制,需要有更多更完善的观测资料。

双星是恒星世界的普遍现象,有人估计,太阳附近半数以上的恒星是双

星或聚星的子星。对恒星进行长期的目视、照相、光度和分光观测,可以确定恒星的质量和半径。在密近双星的光谱和光度变化中,可以反映出密近双星系统中的质量交流所引起的气流,气环、热斑、X射线爆发和新星爆发现象。

根据流行的演化学说,晚期恒星因引力坍缩而成为密度超过10千克/厘米^{3}以上的致密星,即白矮星、中子星或黑洞。已观测到的白矮星有上千颗,被认为是中子星的脉冲星也已发现数百颗,而目前指认的黑洞都还有待确认。对这些天体的研究都涉及广义相对论的应用或检验。

近年来,恒星物理学的重要发展是推广全波段观测。射电、大气外X射线、远紫外线和红外线观测,发现了X射线新星和X射线双星等新天体,极大地丰富了恒星辐射和恒星表层物理的知识。有关密近双星系统的观测和理论研究,有助于解决许多恒星物理学问题。

利用光斑干涉等超高分辨率和高精度分光仪等观测技术,已经能够把恒星点源与太阳面源进行真正的类比研究。利用大型望远镜和其他新技术,还能够对若干近距离星系内的各类恒星进行较详细的观测研究,并与银河系内的同类型恒星进行对比,进而了解天体的化学组成对演化进程的影响。

核物理学和基本粒子物理学的发展,加上巨型超级计算机的广泛应用,推动了对恒星内部结构、元素合成和演化过程的研究。脉冲星的发现给理论研究以巨大鼓舞,广义相对论和引力理论重现活力,被用于晚期恒星的研究。

恒星天文学奥秘

恒星天文学研究恒星、星际物质和各种恒星集团的分布和运动特性。作为一门学科,恒星天文学始于威廉·赫歇耳对恒星的大量观测和研究。赫歇耳于1783年分析恒星自行资料时发现了太阳在宇宙空间中的运动,并定出它的速度和趋向点。随后人们开始恒星计数和编制各种天体星表的工作。约翰·赫歇耳继承和发展了父亲开创的事业,在恒星计数、双星观测和编制星团和星云表方面做了大量工作。

1837年,斯特鲁维等人开始测定恒星三角视差,根据对恒星自行的分析估计银河系自转角速度,从而启动了对人类所在恒星系统的空间结构和运动的研究。天体物理学建立后,恒星光谱分析为恒星天文学提供了重要资料。1907年,史瓦西提出恒星本动速度椭球分布理论,开创星系动力学。

1905~1913年,丹麦天文学家赫茨普龙和美国天文学家罗素根据恒星光谱型与光度的关系,建立起赫罗图。1912年,勒维特发现造父变星的周光关系。这两项成就为了解恒星演化和计算遥远天体的距离提供了方便手段。

1918年,沙普利分析当时已知的100个球状星团的视分布,用周光关系估算它们的距离,得出银河系是庞大的透镜形天体系统和太阳不居于中心的结论。1927年,荷兰的奥尔特根据观测到的运动数据证实了银河系自转。此外,星团、星族、星协概念的建立和证实,对恒星和恒星系统的结构研究有所贡献。此时对银河系的了解是:直径约10万光年的扁平盘状结构,球状的晕,太阳位于盘面上离中心约五分之三半径处。

二次世界大战后发展起来的射电天文学为恒星天文学提供了有力的工具。利用中性氢21厘米谱线研究银河系中中性氢云的分布,证实了银河系的旋臂结构。为解释它而发展了密度波理论,促进了星系动力学发展。伊巴谷卫星的观测资料大大地改进了有关恒星距离和银河系尺度方面的知识。

天体测量学

天体测量学是最先发展起来的天文学分支,主要研究和测定天体位置和运动,建立基本参考坐标系和确定地面点坐标。

天体测量学是早期天文学的主要内容,它的起源可以上溯到人类文化的萌芽时代,日晷和圭表是早期成就。很长时期,天体测量的主要目的是指示方向、确定时间和季节。对星空的观测导致划分星座和编制星表,进而研究太阳、月球和各大行星在天球上的运动,为制定历法奠定了基础,并确认了地球自转和公转在天球上的反映,逐渐形成古代的宇宙观。

德国天文学家和数学家贝塞尔是天体测量学的奠基人。贝塞尔重新订正了《布拉德莱星表》,并加上岁差和章动以及光行差的改正。他编制了暗至九等星的75 000多颗恒星的基本星表,此表由阿格兰德扩充成著名的《波

恩巡天星表》。1837年,贝塞尔发现天鹅座61在缓慢改变位置,第二年,他宣布这颗星的视差是0.31弧秒,这是最早测定的恒星视差之一。

确定天体位置及其变化,先要研究天体投影在天球上的坐标的表示、关系和修正,属球面天文学的内容。天体位置和运动的测定属于方位天文学的内容,是天体测量学的基础。

根据观测所采用的技术方法和发展顺序,天体测量可以分为基本、照相、射电和空间测量四种。将已经精确测定位置的天体标记在天球上相应区域,选定坐标方向,就在天球上确定了基本参考坐标系,可用来研究天体在空间的位置和运动。这种参考坐标系,通常用基本星表或综合星表来体现。

以天体作为参考坐标,测定地面点在地球上的坐标,是实用天文学的课题,用于大地测量、地面定位和导航。地球自转的微小变化,会使天球和地球坐标系的关系复杂化。对此做出修正,需要建立时间服务和极移服务。地球自转与地壳运动的研究又发展成为天文地球动力学,它是天体测量学与地学有关分支之间的边缘学科。

天文望远镜结构奥秘

望远镜的光学性能取决于口径、相对口径、放大率、视场、分辨角和贯穿本领。

口径 D 指物镜的有效口径,口径越大,看到的天体越亮越多。相对口径 A 指物镜的有效口径 D 与其焦距 F 之比,即 $A=D:F$。相对口径越大,观测延伸天体的本领也越大。相对口径受物镜像差的限制,不能取任意数值。

放大率表征目视望远镜,与目镜焦距成反比。一般望远镜都备有不同焦距的目镜,以得到不同的放大率。

用目视望远镜观测所见星空的角叫视场,视场与放大率成反比。折反射望远镜视场最大,反射望远镜视场最小,折射望远镜的视场随物镜的类型而不同。

望远镜的分辨角是其像点刚能被分辨开的天球上两个发光点的角距。在晴朗的夜晚,望远镜所能看到的最暗恒星的星等称望远镜的贯穿本领或极限星等,可近似认为由口径决定。

光学望远镜主体是物镜,按其特点分为三类:折射望远镜、反射望远镜和折反射望远镜。

早期折射望远镜物镜为单透镜,色差和球差严重,成像有彩色光斑且不清晰。为减少色差提高清晰度,折射望远镜造得越来越大,直到赫维留于1673年制成46米长的望远镜,镜片被吊在高高的桅杆上。目前,最大的折射望远镜是美国叶凯士天文台口径为1.02米,1897年安装。

折射望远镜的物镜对玻璃质量要求极高,造价昂贵,其发展受到限制。现代大型望远镜都是反射镜,物镜是旋转抛物面,光路短无色差。最有名的反射望远镜是1948年建成的美国帕洛玛山天文台5.08米口径望远镜,光学性能优于前苏联1976年建成的6米望远镜。

折反射望远镜的物镜由折射镜和反射镜组成。主镜是球面反射镜,副镜是透镜(改正透镜),用来校正主镜像差。折反射望远镜视场大、光力强,适合观测流星、彗星、人造卫星和弥漫星云等天体,也适合发现和认证新天体的巡天观测。

根据改正透镜特点,折反射望远镜分为施密特望远镜和马克苏托夫望远镜。前者视场大、像差小,目前世界上最大的施密特望远镜安装在德国陶登堡天文台,主镜为2.03米。

1990年美国建成10米口径凯克望远镜,安装在夏威夷海拔4 200米的莫纳克亚天文台,它由厚度仅10厘米的36面六边形薄镜片拼合成主物镜。在1994年彗星与木星相撞时,该望远镜拍摄到全世界所有地面观测质量最好的照片。

多面镜由数台望远镜组合而成,口径可达15~25米。欧洲南方天文台(ESO)NTT望远镜由4台口径8米的望远镜组成直线阵,等效口径16米。

伽利略自制天文望远镜

在天文学史上,公元1609年是最重要的一年。这年8月的一个夜晚,伽利略用他自制的口径44毫米、长1.2米、放大32倍的望远镜指向了星空,人类对宇宙的认识从此迈开了步伐。自从伽利略造出天文望远镜以来,无论如何评价天文望远镜诞生的意义都不过分,后来的望远镜只是它的提高和延伸,只有空间探测器的诞生可以与之相提并论。

有关望远镜的故事充满了传奇色彩。一般认为望远镜是由荷兰工匠汉斯·里帕席偶然发明的。里帕席的徒弟在把玩镜片时发现,适当放置凸、凹透镜可以使远处物体有放大、变近的效果。里帕席据此制造了第一架望远镜,并奉献给荷兰政府。1608 年 10 月 2 日,里帕席获得发明望远镜的 30 年专利权,神奇的望远镜开始在欧洲流传。军事家用于战场,玩具商诱惑儿童,教士取信教徒,而天文学家立刻将它指向天空。

天文望远镜是伽利略发明的。1609 年 5 月,伽利略从友人信中知道了里帕席的发明。他凭借自己深厚的光学知识,洞察了望远镜的原理,亲手制造出几架望远镜,其中两架至今还保存在佛罗伦萨博物馆。伽利略特邀威尼斯大公们登高欣赏,这些贵族爬上楼顶看过新奇,首先想到的仍是军事价值。他们奖赏了伽利略,鼓励他继续制造。

1609 年伽利略天文望远镜首先出现在西方并非偶然。当时欧洲的玻璃制造业和眼镜磨制技术十分发达,科学界对光学有深入的研究。在这种情况下,望远镜在欧洲诞生就成为一种必然。天文望远镜一问世,所获得的天文知识就比人类目视观测几千年的积累还多。它拓展了人类的视野,促进了天文学的巨大发展。

星等划分探秘

视力所见的满天繁星,除几颗行星外几乎都是恒星。由于相隔遥远,恒星位置变化在数千年内难以觉察,恒星亮度变化也不易辨别,因而感觉恒星的位置和亮度似乎永恒不变。其实,宇宙中的天体有亮有暗,有远有近,为方便辨认和观测,人们将恒星按位置分成若干星座,又按亮度分成若干星等。

古希腊人把恒星按视力所见从最亮到最暗分为 6 等,称为星等(视星等)。恒星越亮,星等越小。现代天文学发现,古代所定 1 等星的亮度是 6 等星亮度的 100 倍。

19 世纪,天文学家将亮度与星等比较,发现以零等星亮度为单位,则星等 m 与亮度 E 满足普森公式 $m = -2.5 \lg E$。式中的 E 与光照度一致,1 等星的照度约为 8.3×10^{-9} 勒克斯。按关系式计算,星等可以是小数,甚至是负数。如织女星为 0.04,北极星为 2.12。太阳的目视星等达 -26.74。

地球绕日公转轨道是椭圆,日地距离并非常数,通常称日地距离平均值(或地球公转轨道平均半径)为天文单位。1976年国际天文学联合会上,确定天文单位为 $1.495\,978\,70\times10^{11}$ 米,规定其为常数,从1984年起在国际上统一采用。

在讨论恒星距离时,用光年和秒差距更方便。光年是光在一年内经过的路程,1光年约等于 9.5×10^{12} 千米。

地球上的观测者相隔半年观测同一天体得到的视角,称为角距离,这个角距离的一半就是恒星的周年视差。被观测天体的周年视差为1角秒时,观测者与该天体间的距离为1秒差距,约等于3.259光年,或206 265天文单位。

为了比较天体的发光,将恒星在10秒差距处所具有的星等称为绝对星等,用 M 表示。太阳的绝对星等为4.83。

确认银河系

银河系是由1 000多亿颗恒星组成的巨大天体系统,银河是其在天球上的投影。用小望远镜观测,就可发现银河由恒星组成。肉眼分辨不出单个星,看起来是一条白茫茫的光带。

人们推测银河系及其他星系的存在始于18世纪,伽利略最早用望远镜发现银河是由恒星组成的。18世纪的20到50年代,瑞典的斯维登堡,英国的赖特,德国的康德和朗伯先后作过出色的判断。斯维登堡提出,人们可以看到的恒星都是银河系的成员,这种完整的动力学体系在宇宙中不是唯一的。

真正用观测资料说明问题的是赫歇耳父子,即威廉·赫歇耳和他的儿子约翰·赫歇耳。

威廉·赫歇耳对天区的恒星进行取样统计分析,于1785年得出一幅银河系的结构图,证明人们所见的全天恒星和银河同属一个天体系统——银河系。

威廉·赫歇耳计数683个取样天区的117 600颗恒星,通过1 083次观测,于1785年得出银河系结构图,证明全天可见恒星和银河同属一个天体系统——银河系。约翰·赫歇耳继承父业,对南天星空采用取样统计方法,进

一步证实了父亲的结论,初步建立了银河系的概念。赫歇耳的银河系模型是扁平形状,轮廓参差不整,太阳处在离扁盘中心不远处。

1918 年,美国天文学家沙普利利用威尔逊山天文台 2.5 米望远镜研究当时已知的约 100 个球状星团。他利用造父变星的周光关系测定各球状星团的距离,得出银河系的透镜状模型,太阳并不在模型中心。19 世纪 20 年代发现银河系自转,沙普利模型得到天文学界的公认。

1972 年,韦伯宣称探测到银河系中心发出的引力辐射,但没有得到证实。有人用比韦伯的探测器更灵敏的仪器,也没有探测到引力辐射。因而这一事件成为悬案。

银河的视觉形象

夏季晴朗的夜晚,在北半球中纬度地区,可以看到天穹有一条明亮光带,从地平东北方向伸向西南,如薄纱绕颈,壮丽无比。这就是银河,是银河系在天球上的投影。

银河经过的星座有仙后、英仙、麒麟、南船、御夫、南十字、半人马、天蝎、天鹅等,成为一条围绕整个天空的光环。在我国可以看到的银河部分起自天鹅座,经人马座特别亮的部分,然后到达盾牌座。银河各处宽度不一,窄处只有 4°~5°,宽处则达 30°。从天鹅座到半人马座,银河分为两叉。

汉代名流曹丕的《燕歌行》唱道:"明月皎皎照我床,星汉西流夜未央。牵牛织女遥相望,尔独何辜限河梁?"其中的"星汉"就是指银河,我国古人还常称银河为天河、银汉、银横、天杭、高寒等。例如:银河滚涨三千界(白居易),梦长银汉落(李白),三峡星河影动摇(杜甫),银潢左界上通灵(苏轼)。在欧洲,银河被称为"牛奶色的道路"。

天鹰 α 星(河鼓二、牛郎)位于银河东,天琴 α(织女)与其隔河相望,是天赤道以北最亮的星,河中间天鹅 α(天津四)也很亮。三颗亮星组成三角形,是夏季星空主要标志。

银河系是 1 000 多亿颗恒星组成的巨大天体系统,目力难辨单个的星,看起来它就成了白茫茫的光带。

银河没有明显的边界,只是越靠边缘恒星分布越稀少。太阳离银河系中心约 3 万光年,在银道面以北约几十光年处。沿银盘平面内各个方向看去,恒星特别密集,形成天球上的银河形象。由于太阳靠近银河系边缘,向银心方向人马座看去恒星尤其密集,因而在那一段最亮,在反方向御夫座附近较暗淡。银河从天鹅到半人马座的一段被黑暗的裂缝隔开,因为在太阳邻近的方向上有很大的暗星云,把后面的星光遮住了。

银河系核心活动奥秘

1974 年,英国天文学家马丁·尼斯爵士指出:在具有活动核的一些星系的核心应该存在超大质量的黑洞,其质量可能是太阳质量的数百万甚至 10 亿倍。它们在从 γ 射线到无线电波的各个波段都发出强烈的辐射,并伴有闪烁现象,它们往往会将巨大的带电粒子流喷向星系际空间。尼斯认为星系中心的黑洞正是造成这些巨大活动的能量来源。

NASA 钱德拉计划的科学家认为,"实在想不出还有什么别的途径会让活动星系核(AGN)产生如此巨大的能量喷射,唯一可能的解释就是黑洞"。后来出现了更大胆的想法,认为不仅仅活动星系核可能在其核心拥有如此巨大的怪物,即使像银河系这样的普通星系的核心也完全可能有黑洞。

1974 年,正当尼斯还在猜想活动星系中可能存在黑洞时,美国的射电天文学家在观测银河系相对较为平静的核心时,发现了一个十分致密且亮度发生变化的射电源,其行为特征很像一个暗弱的类星体(位于宇宙边缘的活动星系核),而这个"类星体"距离仅仅 2.6 万光年!因为它位于一个较为延展的已知射电源人马座 A 之内,它即被命名为人马座 A*。

在此后的 20 多年里,天体物理学家们在射电、光学和近红外波段都对银心进行了艰苦的观测和研究,观测到银心附近物质以 1 400 千米/秒的超高速旋转。这进一步说明那里应该存在一个体积很小,质量却有太阳质量的 260 万倍的"怪物",那是不是一个超大质量黑洞呢,抑或仅仅只是数百万颗紧紧挨在一起的普通恒星的集合?这些发现又带来了更多的不解之谜。然而关键问题是银心的超大质量黑洞从哪儿来的呢?

科学家对此提出两种解释。一种解释是超大质量黑洞在星系形成时就已存在。另一种解释法则认为,一个恒星质量大小的黑洞会不断地吸积物质,逐渐长成一个超大质量的黑洞。还有人设想超大质量黑洞是一群较小的黑洞集合碰撞后并合在一起而形成。当然,也可能完全是另外一种意想不到的方式。

美国科学家正在用先进的X射线望远镜描绘迄今最清晰的银河系中心图像,那里存在着大量奇妙的天体。研究认为,银河系中心存在着大量炙热气体,但温度不像以前估计得那么高。这些气体的温度大约有1 000万K,而以前认为它们有上亿K。这些气体似乎在向银河系的周围扩散,并逐渐冷却,然后再流回到中心。在如此往复的过程中,它们将一些恒星产生的较重的元素散布到银河系的其他地方。

星云与星系认证之谜

在宇宙大尺度结构中,星系是基本单元,占有中心地位。星系包含几十亿甚至几千亿颗恒星,占据几千光年到几十万光年宇宙空间。银河系只是一个普通星系,在它以外的星系称为河外星系,曾被称为河外星云,如大、小麦哲伦云和著名的仙女座大星云,实际上都是星系。河外星系与星云混为一谈是历史原因,河外星系的发现自始至终都与星云的研究分不开。

伽利略最早用望远镜发现银河由恒星组成。17世纪望远镜发明以后,人们陆续观测到一些云雾状天体,称之为星云。18世纪中叶,德国的康德和朗伯、瑞典的斯维登堡、英国的赖特都曾猜测,呈云雾状的星云很可能是像银河系一样的星系。18世纪20到50年代,斯维登堡提出,像银河这种体系在宇宙中不是唯一的。19世纪中叶德国学者洪堡形象地称这种天体系统为"宇宙岛"。威廉·赫歇耳于1785年得出一幅银河系结构图,约翰·赫歇耳子继父业,对南天采用取样统计,进一步证明了父亲的结论。至此,银河系的概念得以初步确立。

1758年8月28日的夜晚,受雇于人的天文观测员梅西耶正在做巡天搜索彗星的观测,在金牛座众多恒星之间发现一块没有位置变化的云雾状斑块。根据以往观测经验,梅西耶判断这斑块形状应当是彗星,但是彗星应当在观测视野中有较明显的位置变化,而这块斑块并没有位置变化,显然它又不是彗星。梅西耶尽管经验丰富,一时也难断其归属。为了不让后人把这个天体当成彗星,梅西耶为这类特殊天体单独设立了观测档案。

在此后的观测中,又发现了许多这样的天体,梅西耶将它们编号列表,于1781年公开,这就是著名的梅西耶星表。表中天体编号都以M(梅西耶的缩写字母)开头,最初那个月夜发现的金牛座云雾状斑块被列为该星表的 M1。

1783 年,赫歇耳用精良的自制望远镜对梅西耶星表中的天体逐一核实,他发现表中的天体有些确属云雾状天体,但有些是星团。赫歇耳就把那些云雾状的天体称为"星云"。1884 年 8 月 29 日,法国天文学家哈根斯把天文望远镜指向天龙座星云时,分光观测证明确实是一团发光的气体。他用同样的方法观测仙女座大星云时,表明它还是一团气体物质。

经过 26 年的积累,到 1784 年,梅西耶总共发现了 103 个这样的朦胧天体。梅西耶星表的建立是开创性,它受到了威廉·赫歇耳的重视,路易十五赞赏梅西耶为"我的猎人"。梅西耶星表直到现在仍然在使用,它的贡献在于为此后的星云、星团、星系的研究奠定了基础。

星系尺度和分布之谜

星系在宇宙空间的分布在局部呈现不均匀特点。同恒星在星系中的分布一样,星系在宇宙空间中也有成群组成各种星系集团的倾向,孤立的星系(场星系)只是极少数。根据相聚在一起的星系因成员个数不同可以有不同的称呼。两个星系在一起称为双星系,三个至十几个星系在一起的称为多重星系,包含更多星系的集团可以分别称为星系群、星系团和超星系团。

双重星系是指两个彼此靠近、有相互物理联系的星系。在天球的背景上看似离得很近的星系实际上可能相隔很远,这种实际离得较远的星系不是真正的双重星系,多重星系也是这样。

大麦哲伦云和小麦哲伦云是著名的星系,与太阳系所在的银河系构成了三重星系。1518~1520 年间,葡萄牙航海家麦哲伦做环球旅行时,在南半球发现了这两个星云。我国境内陆地,仅能于南海诸岛地平线以上不高的地方观测到它们。

大、小麦哲伦云都是不规则星系,它们的漩涡结构不清晰。大麦哲伦云在剑鱼座,直径约 7 千秒差距,质量约 10^{10} 太阳质量。小麦哲伦云位于杜鹃座,直径约 3 千秒差距,质量约 2×10^9 太阳质量。大、小麦哲伦云里有许多经典造父变星,由造父变星测得它们的距离分别为 52 千秒差距和 63 千秒差距。

1975 年,天文学家发现了离银河系仅有 17 千秒差距的比邻星系,它与银河、大、小麦哲伦云共同构成四重星系。

仙女座大星云(M31)是目力可见最远的天体。其构造与银河系相似,尺度比银河系大,可测量部分的直径约 52 千秒差距,质量约 4×10^{11} 太阳质量,距离约 690 千秒差距。仙女座大星云附近至少有 8 个小星系,都属于椭圆星系,其中最大的直径为 4.2 千秒差距,小些的直径仅几百秒差距。

星系大碰撞奥秘

相对于地球甚至太阳系来说,星系是宇宙中的大尺度结构,它包含数以百亿、千亿计的恒星。两个这样巨大的天体体系,相隔至少有几万光年,它们之间有没有可能撞在一起呢?理论和观测都给出肯定回答,星系之间也可以发生碰撞,只不过这类碰撞过程要经数亿年甚至更长时间才能完成。

2002 年以后,从修复后的哈勃太空望远镜发回的第一批照片就可以看到星系碰撞的宏大场面,显示的区域被称为圆锥状星云,四颗明亮的恒星在星云的前方排成一线。

照片清晰地显示了 10 亿光年远处四星系碰撞的图景,另一张照片显示的是恒星形成时发出的金色光环。这次相撞造就了大量新星球。

哈勃太空望远镜上的近红外照相机和多目标分光计也得到修复,它使科学家通过透过宇宙的灰尘观察到宇宙深处的景象,比如恒星的诞生、星系的碰撞和其他宇宙中发生的事情。修复的红外照相设备却能够使科学家观测到更久远、更古老的宇宙天体,也许不久就能够观测到宇宙大爆炸时的情景,这对于研究宇宙的诞生是极为重要的。

在哈勃望远镜拍下的照片上,可以清楚地看到在两个星系的碰撞中心,如同焰火一样的灿烂景象。哈勃望远镜发现了由于这次碰撞产生的超过 1 000 个爆发的年轻恒星群。

正在碰撞合并中的乌鸦座触角星系,以惊人的速度生成巨大的释放 X 射线的"泡沫"状气体形成"超级磁泡"。天体物理学家利用钱德拉 X 射线望远镜拍摄了这一空前的细节,它提供了一个类似 150 亿年前年轻宇宙及各星系正在形成时的雏形。天文学家作出这样的解释:那时,星系都曾十分接近,星系的碰撞显得十分普遍,其碰撞的结果对形成我们现在所观测到的各种星系形状形成非常大的影响。

下图是神奇的"老鼠"(图 2-1),又称 NGC4676,实为两个相互冲撞在一起的星系,距离地球 3 亿光年。这两个星系最终将合二为一,形成一个巨型星系。两星系之间恒星、气体与尘埃相互作用,形成一条美丽的"长尾"。

图 2-1 "老鼠"星云

分光术奥秘

科学家之所以能了解天体的物理性质,是与分光术、照相术和测光术分不开,这三项技术几乎同时于 19 世纪 50 年代诞生。

早在 1666 年,牛顿就正确地解释了色彩产生的原因,即白光由不同的色光组成,经过三棱镜折射后分解成七彩的光带,牛顿称其为光谱。1802 年,英国物理学家沃拉斯顿在三棱镜前加了一个狭缝,从而发现了太阳光谱的几条暗线,可惜没有得到重视。1814 年,德国光学家、仪器制造家夫琅和费在三棱镜后面加了一个小望远镜,制造了世界上第一台分光镜。他用这架原始分光镜研究了太阳光,在太阳光谱上辨认出几百条暗线——著名的"夫琅和费线"。他发现,行星和月亮的光谱同太阳光谱一样,与其他恒星不同。这证明行星和月亮仅反射太阳光,自身不发光,但夫琅和费不明白暗线的成因。

1858 年,德国化学家基尔霍夫和本生研究了谱线的成因,他们的研究结果概括为两条定律:每种元素都能发出特定波长的光,形成明线光谱;每种元素的蒸气都可以吸收白光中相应波长的光,能在连续光谱背景上形成不连续的暗线(吸收光谱)。谱线的秘密被发现了。

1859 年,基尔霍夫分析了太阳光谱,发现太阳大气中含有钠元素,它吸收特定光线,形成太阳光谱中著名的 D 线。随后又相继认证出其他元素,全部是地球上已有的元素。

光谱分析法研究太阳的成功给天文学家以极大鼓舞,纷纷用分光镜对准了各类天体,但是暗弱天体的光谱却无法看到。

恒星距离的直接测量

月球到地球的平均距离是 38 万千米,地球到太阳的平均距离是 1.5 亿千米。可是,科学家是如何测得这些距离的呢? 在地面上,无法到达的目标距离,通常采用三角视差法来确定。

所谓视差,就是基线对于目标的张角,即两个固定点对另一点形成的张角,两固定点的距离称基线。在天文学上测量各种天体的基本方法也是视差法。由于天体的距离都比较远,它们的视差都比较小,对基线的长度和测角工具的精度要求比较高。在测量太阳系内天体的距离时,通常以地球的半径为基线,所得的视差称为"周日视差",此外,还有以日地平均距离为基线的"周日视差",用来测量恒星距离。

1751~1753 年,法国的拉卡伊和拉郎德分别在柏林天文台和南非好望角天文台观测月球的地平高度,第一次比较精确地求出月球的周日视差,从而定出月地距离。以后,天文学家不断提高测量精度,最后,用视差法算出月球视差为 $57'02''.6$,对应的月地距离为 384 400 千米。

恒星遥远,所取基线越长越好,通常采用周年视差方法,因而有相当困难。若某恒星的周年视差是 θ,基线长是 a,则恒星到太阳(地球)的距离为 $r = a/\sin\theta$。恒星的 θ 值都非常小,最近的半人马座比邻星视差只有 $0''.762$。因此可以用 θ 角的弧度数值代替正弦,即 $r = a/\theta$。

测定周年视差的方法很多,如三角视差法、分光视差法、造父视差法、力学视差法、星群视差法、星际视差法等。

三角视差法是一类直接测量方法。在地球公转轨道上相隔半年的两个位置观测天球背景上的另外一颗恒星,所得到的张角的一半就是该恒星的周年视差。这种由简单三角方法直接测得的视差称三角视差。

哥白尼以后 300 年间,许多人尝试测定恒星周年视差都没有成功。直到1837~1819 年,俄国的斯特鲁维、德国的贝塞耳和英国的亨德森分别测出织

女星、天鹅座 61 星和南门二(半人马 α 星)三颗近距恒星的周年视差,才使人类首次知道恒星的距离。现代的测定精度在±0″.013 到±0″.004 之间。距离等于 100 秒差距时,恒星视差为 0″.01,与误差数值相当。因此,只有距离小于 100 秒差距的近距星,才能测出其三角视差的有效值。

星系距离测定原理

测定星系之间的距离不能再用测量恒星距离的方法,因为星系相隔实在太远了,视差方法的测量误差太大。有许多测定星系距离的方法,但也不能做到非常精确,只能作粗略估计。

恒星或星系的视亮度,也就是直接测得的亮度,取决于它同我们的距离。如果能够知道恒星或星系的绝对亮度,就容易通过简单的计算得到它的距离。

第一种方法是利用造父变星,这是一种亮度周期变化的恒星。造父变星的亮度变化周期同它的绝对亮度之间存在精确的比例,这样,天体物理学家首先测量这个周期,也就是两个亮度最大值的间隔时间,从而得到绝对亮度。然后再测量其视亮度,最后就可以得到造父变星所在星系的距离了。美国加州帕萨迪纳的卡内基天文台的天文学家弗里德曼,把哈勃太空望远镜对准一些遥远星系中的造父变星,结果得出的哈勃常数接近 120 千米/(秒·百万秒差距)。这个数值太高了,因为它意味着已知宇宙中最远的星系不超过 90 亿光年的距离。

ESA 的喜帕恰斯号卫星后来进行的测量表明,造父变星实际上比原来测量的更亮,因此它比原来预计的更为遥远。这个发现使得哈勃常数变小,增加了宇宙中星系距离的尺度。

造父变星属于巨星、超巨星,有"量天尺"之称。一颗 30 天周期的造父变星比太阳亮 4 000 倍,一天周期的也比太阳亮 100 倍。最近的造父变星是北极星,650 光年之遥。

造父变星的真亮度是通过光谱、哈勃常数等不确定因素间接计算出来的,误差较大。测量单个造父变星距离误差可达 30% 至 50%,对多个造父变星测量则可以大大缩小此项误差。

第二种方法是利用 Ia 型超新星。超新星的出现实际上意味着巨大的爆

炸,也意味着大质量恒星生命的终结。由于它们都有绝对相同的亮度,如果知道其中之一的亮度,就足以追溯其所在星系的距离。自从哈勃太空望远镜升空,这件事情就变得相对容易多了。用这种方法得到的哈勃常数约为88。

宇宙年龄探秘

人类的好奇心没有止境,从太阳系到银河系,从本星系到整个宇宙,人们渴望知道它们的大小,了解它们的结构。在宏观尺度上,宇宙的年龄和大小受到人们的关注。研究天文学及其宇宙学分支,目的之一就是追求人类认知过程和认知结果的完美。近一百年来,科学家一直在发挥人类的智慧,设法弄清这类问题,同时也引起了一般公众的议论和关心。

几百年前,人们看到天空中拖着朦胧且变化的长尾彗星,只能以祈祷和恐惧面对,认为这是"邪恶"和"不祥"。这样的无奈已经持续了几千年,直至近代科学逐步建立起来,对彗星的来龙去脉才有真正了解。当牛顿、开普勒、拉普拉斯等人总结出科学规律以后,已经能够计算出彗星的轨道了,文明世界终于摒弃了彗星是"不祥之兆"的观点。

《圣经》有上帝创世、洪水灭世、诺亚方舟拯救人类等神话故事,这些神话故事承接了古苏美尔人的神话传说。在我国,广为流传的盘古开天辟地和女娲补天的神话故事也涉及宇宙的起源和创生。汉代以后,则有"道之大原出于天,天不变,道亦不变"之说。人生无法与永恒的宇宙相比,宇宙却是人类永远关注的对象,众多的创世神话尽管美丽诱人,却不能成为令人信服的宇宙起源学说。然而,站在科学的立场上,这些故事的确提出了更多的新问题,需要科学家作出回答。

现代科学概念所说的宇宙年龄,是从宇宙大爆炸以后这段时间。20世纪确立的宇宙大爆炸学说,得到越来越多的观测证据支持。1917年前后,爱因斯坦最先对宇宙大爆炸概念产生模糊的认识,他意识到自己创立的广义相对论蕴涵着一个重要推论:宇宙要么在膨胀,要么在收缩。然而他却不满意这种推论,他在广义相对论的基本数学模型中增添一项"宇宙常数",因为这个附加项可以使宇宙膨胀或收缩的体积变化忽略不计。但是后来,天文学家们获得了宇宙膨胀的确切证据,爱因斯坦感叹引入宇宙常数是其一生最大错误。伴随着宇宙始于大爆炸的科学假说,宇宙年龄逐渐成为一个科学概念。

怎样计算宇宙年龄

人类已知并已列入表中的银河系内星团,约有 650 个是疏散星团,每一个包含 20~1 000 颗星。还有约 130 个是球状星团,每个包含 10^5 到 10^7 颗星。疏散星团中的恒星以及类似太阳的大多数近星一般属于星族 I,其特点是年轻而金属含量高,在银河系中分布于旋臂上。球状星团中的恒星属于星族 II,其特点是年老而金属含量低,遍布整个银河系。

球状星团中恒星的低金属含量表明,它们属于从原始星系凝聚出来的第一代恒星,是最古老的天体。如果球状星团中所有恒星有相同的化学组成和年龄,只是质量不同,则这些恒星在赫罗图上形成一条轨迹,轨迹的形状仅依赖于年龄和初始化学组成。把恒星演化方程的数值解与大量球状星团的赫罗图中的恒星密度做比较,就能推出星团的年龄。

最古老星团的年龄是宇宙年龄下限。桑德奇和伊本计算到最古老星团的年龄分别为 180 亿年和 160 亿年。由哈勃空间望远镜观测资料测算的宇宙年龄为 120 亿年。根据施拉姆的分析,最古老球状星团的寿命取 120 亿年,下限为 100 亿年。

星团形成时的宇宙年龄不会超过 1 亿年,可以忽略不计。因而新的球状星团寿命模型中宇宙年龄矛盾并不严重。

推算宇宙年龄要依据哈勃空间望远镜的观测资料,并以大麦哲伦云为基准。不久前,费斯特和卡奇普尔根据来自希帕科斯卫星的观测资料宣布,大麦哲伦星云的距离比以往的计算要远一些,这说明以前对宇宙年龄的测算是站不住脚的。

1989 年发射的希帕科斯卫星,唯一任务是确定 1 000 光年以上的恒星位置。利用地球公转引起的造父变星的微小视差,可以较准确地测出造父变星的距离。通过希帕科斯卫星对两百多颗造父变星的距离作了测定,发现造父变星的距离比以往想象的稍远一些,大麦哲伦云比以前认为的要远 10%。

这是令人震惊的消息,因为基准比过去增加了 10%,宇宙的年龄也应当

修正。

希帕科斯卫星改变了测定宇宙距离的基准,也会改变球状星团的距离。如果球状星团的距离增加 10%,那么它们本身的亮度就应增大。通过估算,球状星团的年龄将不超过 110 亿年。这样,所谓的年龄矛盾就迎刃而解了。

新问题中的矛盾到底有多么严重呢? 用哈勃常数 H_0 决定宇宙年龄的动力学方法存在很多不确定性因素,哈勃时间只是动力学时间标度,不是真正确定的年龄。最近 10 多年,天文学家公布的哈勃常数值分布在 40～100 范围。用本星系群作为参照得到的值较高,用超新星则较低。

造父变星

变星中有一种称为脉动变星,它是由脉动引起亮度变化的恒星。已发现的变星中,脉动变星占一半多,银河系就有 200 万个。最重要的脉动变星是造父变星,典型代表是仙王 δ 星,中国古代叫造父一,造父是我国周代的驾车能手。比造父一亮的北极星也是造父变星,但光变幅度不及造父一明显。

最先发现仙王 δ 是一颗变星是在 18 世纪 80 年代,发现者是 20 岁的英籍荷兰聋哑人古德里克。以后人们又发现了许多与造父一相类似的变星,并统称为"造父变星"。造父变星离我们都很远,最近的造父变星是北极星。

造父变星有体积交替性膨胀收缩特点,就像吸入呼出的肺呼吸一样。伴随着膨胀收缩,造父变星的亮度发生明暗交替变化,这种变化呈现准确的周期性,称为光变周期。

1912 年,美国哈佛天文台女天文学家勒维特观测了小麦哲伦星云中 25 颗造父变星,发现光变周期越长的造父变星越亮。

造父变星的视星等变化幅度在 0.1 到 2 之间,光谱型在 F 型和 G 型之间随光度变化。造父变星的重要价值是其稳定的周光关系。用照相方法定出造父变星的光度曲线和光变周期,可以准确地计算出它的绝对亮度,再通过与视亮度进行比较,就可以计算出它与地球的距离。由这种方法确定的视差称为"造父视差",这种方法所涉及的范围约 500 万秒差距。因此,造父变星被称为宇宙中的"标尺",可用来测定球状星团和较近的河外星系的距离。

造父视差法可取代分光视差法测定更遥远天体的距离。

20世纪40年代后期,人们将造父变星分为三类。以"造父一"为代表的称为经典造父变星;以室女W星为代表的称为室女W型变星。这两类统称长周期造父变星,光变周期在1~70天之间,5~6天的最多。第三类是以天琴RR星为代表,称为天琴RR型变星,又称短周造父变星,其光变周期在9~17小时,13小时左右的最多。

受丁顿给出解释造父变星周光关系的公式:$P\sqrt{\rho}=Q=$常数
式中P是脉动周期,ρ是恒星的平均密度,Q称为脉动常数。对一定质量的造父变星,光度大的体积大,密度就小,周期反而大。这就是光度周期与光度成正比的周光关系。但是理论与观测都表明,不同类型的造父变星,Q并不是常数。

爱因斯坦假设

狭义相对论主要基于爱因斯坦对宇宙本性的两个假设。

第一个可以这样陈述:惯性参照系中的物理规律是相同的。此处唯一稍有些难懂的地方是所谓的"惯性参照系"。举个例子就可以解释清楚。在一架高速飞行的飞机上,火车正在以每小时200千米的恒定速度行驶,没有任何颠簸。一个人从车厢内的一个座位上将一本书扔给另一座位上的一位旅客。他做这件事时,没有必要考虑物理定律问题,因为做这件事与平常生活中的做法没有区别。

爱因斯坦的第二假设是简单地将第一个假设原则推广到麦克斯韦建立起来的电磁转换定律中。麦克斯韦是19世纪的大物理学家,经典电动力学的创始人。1871年在他40岁时,受聘筹建剑桥大学卡文迪什实验室,并任第一任主任。麦克斯韦发展了法拉第关于电磁相互作用的思想,将全部电磁现象概括为一组以他的名字命名的偏微分方程组,从而创立了经典电动力学。

麦克斯韦方程的重要意义在于揭示了当时未知的事情。麦克斯韦计算了电磁场振动传递速度,发现它们等于光速,这说明麦克斯韦方程揭示出光是一种电磁波。如果麦克斯韦假设是自然界的规律,那么光和关于光的理论必须在所有惯性系中成立。就是说,光在所有惯性系中速度相同。应当注意并记住:光速是直接从描述所有电磁场的麦克斯韦方程推导出来的!

光子相对于甲以每秒 30 万千米/秒的速度运行,甲以 10 万千米/秒的速度相对于乙运动(图 2-2)。简单地叠加,可以得出光子相对于乙的速度为 40 万千米/秒。

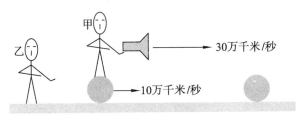

甲

乙

30万千米/秒

10万千米/秒

图 2-2　相对论速度

这一结论与爱因斯坦的第二假设不符! 爱因斯坦说,光相对于乙的速度必须与相对于甲的速度完全相同,即 30 万千米/秒。爱因斯坦的两个假设是哪一个错了呢?

许多科学家的试验支持了爱因斯坦的假设。

奥伯斯佯谬

假设在欧几里得空间内均匀地分布着许多恒星。在离开观测者的距离范围为 r 到 $r+dr$ 之间的一个球壳内,全部恒星所发出的光线与 $4\pi r^2 dr$ 成正比。其中进入观测者望远镜的那部分光线又与 $1/r^2$ 成正比。所以,观测者从厚度为 dr 的每个球壳中所接收到的光量应当只是同 dr 成正比。如果把对距离积分的上限取为无穷大,那么我们发现观测者所接收到的光线也应该具有无穷大的亮度。造成这种无穷大的结果,是因为没有考虑到恒星的自遮光效应。要是把遮光效应也考虑进去的话,天空的亮度应该只相当于布满了普通亮度恒星的球面那么亮,但并不是无穷亮。当然,这仍然要比白昼的天空明亮得多,而实际上夜晚的天空更要暗得多。

对于在欧几里得空间面前顶礼膜拜、而且对宇宙具有无限大尺寸和无限大年龄的观点深信不疑的那些人来说,上面的结论显然就是一种佯谬。奥伯斯于 1826 年首先提出了这一推论,他认识到这样一种宇宙学观点是站不住脚的。

在这样一种空间内,以观测者为中心作的一个球的球面积,表面积 $S=$

$4\pi a^2 \sigma^2(x)$仅仅是距离 x 的函数。位于球壳内恒星的数目与 $S(x)\mathrm{d}x$ 成正比。但是,从那个壳层到达观测者的光量也是随因子 $S(x)$ 的增大而下降,这两项因素互相抵消,于是接受到的光线与距离无关,这同平坦空间所求得的结果是一样的。

在一个无限老的宇宙内,尘埃应当已经同恒星处于某种辐射平衡状态,因而它所发出的光线就同吸收掉的光线一样多。这时,尘埃要么就像恒星一样闪闪发光,要么就蒸发为气体,而这些气体或者可以让光线畅通无阻,或者可以发出像恒星那样明亮的光线。

只要星系本身在一定程度上也是作某种随机分布,那么关于明亮夜间天空的推论仍然是有效的,这时需要考虑的仅仅是恒星在宇宙中的总体空间密度。

对于这样大尺度上的现象来说,任何物理学定律都是不能成立的。在这种情况下,只能在下面三种结论中认定一条:

1° 距离一大,恒星的密度和光度就会减小。

2° 物理学常数随时间而变化。

3° 恒星存在着大规模的整体运动,从而造成谱线的位移。

如果宇宙还是非常年轻,那么恒星发出辐射的时间也必然是不长的,在这种情况下推论 1° 应当可以成立。

大多数人都用推论 1° 和 3° 来解释奥伯斯佯谬,因为它对宇宙学模型提出了一些相当严格的条件。一种模型如果的确有道理,就必须保证夜间天空确实处于黑暗状态。

天体基因谱——天体演化学

科学的天体演化学至今只有 200 多年的历史。18 世纪中叶以前,欧洲在学术思想上占统治地位的仍是万物不变的自然观。德国哲学家康德于 1755 年首先提出太阳系起源的星云假说,40 多年后,法国数学家、天文学家拉普拉斯于 1796 年也独立地提出太阳系起源的星云假说。他们的学说对自然科学和哲学都产生了重大影响。

天体演化学研究各种天体以及天体系统的起源和演化。天体起源是指天体在什么时间,从何种形态的物质,以什么方式形成的;天体演化是指天体形成以后所经历的演变过程和伴随发生的现象。通常简称为天体演化，其中也包括天体起源的概念在内。

进入 20 世纪，随着科学技术的发展和天文学实践条件的改进，太阳系、各类恒星、银河系以及河外星系的观测资料和新发现越来越多。伴随着理论物理学的发展和交叉，现代天体物理学发展起来，天体观测研究成果推动了天体演化学的发展。太阳系起源和演化的研究很活跃，恒星演研究也取得重大突破，星系的起源和演化成为当前科学前沿课题之一。

天体演化学与天文学其他分支学科有密切关系，它以天文学各分支学科为基础，依据天文学、物理学、化学、地球科学、数学等学科的理论，利用各种天体的观测资料，探讨天体和天体系统的演变规律，阐述他们的特征和背景。因为新资料和新理论带来的影响，从事天体演化研究的不仅有天文学家，也有不少物理学、化学、地学、数学、哲学方面的学者。

天体演化同物质结构和生命起源等基本理论问题有密切关系，特别是同地球科学有更直接的关系，因此，天体演化研究具有重要的理论与实践意义。天体演化学的内涵非常丰富，主要包括以下内容。

研究太阳系各类天体的形成和演变，解释太阳系的现有特征，一般侧重于起源的研究。自康德提出太阳系起源的星云说以后 200 多年中，已出现 50 多种学说，但至今还没有一种完美解释各种演化现象的学说，也没有一种演化理论被天文学界和哲学界普遍接受。困难在于能直接观测到的恒星只有太阳。

有关太阳系起源和演化的众多学说，可以粗略分为灾变说和星云说两大类。星云说解释，行星物质和太阳是由同一原始星云形成或由太阳俘获来的。灾变说认为，因为某种偶然的巨变，行星物质从太阳中分出来。灾变说盛行于 20 世纪上半叶，现在基本上被否定。

三、未解的宇宙之谜

宇宙中四种基本力

宇宙中支配着所有物理现象的是四种基本的力：引力、电磁力、强力和弱力。表面看四种力彼此不同，例如，引力和电磁力都有无限的作用距离，而强力和弱力则只有极短的作用距离，强力将光子和中子结合在一个原子核里面，弱力制约着原子核中的衰变现象，强力和弱力在它们的作用范围外并不发生作用，而引力在宇宙中使行星环绕太阳，使星系彼此吸引。

量子力学理论认为，所有质粒子之间的力或相互作用都是由自旋为整数 0、1 或 2 的粒子承担，自旋可以简单理解为旋转对称的周期。携带力的粒子不服从泡利不相容原理，被交换的数目不受限制，因而可以产生很强的力。如果粒子有很大质量，则在长距离上产生和交换会很困难，所携带的力只能是短程的。如果携带力的粒子质量为零，力就是长程的了。

引力是长程力，并且总是吸引的，另外三种力倾向于互相抵消。引力是每一粒子都因其质量或能量而感受到的力，尽管引力比其他三种力弱很多，因其累积作用还是显现出威力，引力足可以维持巨大天体的绕转运动。

电磁力是长程力。它作用于带电荷的粒子（电子、夸克）之间，不与电中性粒子相互作用。电磁力在原子和分子尺度下起主要作用，两个电子之间的电磁力大约比引力大 10^{42} 倍。电磁力是由无质量的自旋为 1 的光子交换所引起的，所交换的光子是虚粒子。电子从一个轨道改变到另一个离核更近的轨道时，以发射实光子的形式释放能量。

弱相互作用距离最短，约 10^{-16} 厘米。它制约着放射性现象，并只作用于自旋为 1/2 的物质粒子,而对诸如光子、引力子等自旋为 0、1 或 2 的粒子不起作用。直到 1967 年萨拉姆和温伯格提出弱相互作用和电磁作用的统一理论后,弱相互作用才被很好地解释。弱电统一理论的科学成就堪与 100 多年前麦克斯韦建立电磁感应定律相媲美。

强相互作用将中子和质子中的夸克束缚在一起,并将原子中的质子和中子束缚在一起。一种称为胶子的自旋为 1 的粒子携带强作用力,它只能与自身以及与夸克相互作用。这种力具有"禁闭"的古怪性质:它总是把粒子束缚成不带颜色的结合体,夸克有红、绿或蓝颜色,人们却不能得到单独的夸克。

宇宙元素与恒星演化

恒星演化理论认为,宇宙的开端非常单调,最早的物质是以氢为主的宇宙原始气体。演化始于这些气体的局部聚集成云,在引力作用下气体云愈积愈密,最终坍缩成"原恒星"。原恒星继续吸积周围气体,经过快收缩、慢收缩,直到把中心部分压缩到温度很高的程度,导致气体云中氢转化成氦的核聚变并形成主序星,开始了恒星生涯。核聚变的辐射顶住引力收缩的压力,并提供恒星发光所需的能量。

恒星内部轻元素合成重元素的过程称为"恒星核合成"。生成元素的起因是引力,小恒星能制造十几种元素,但这些元素最终不能在宇宙中流动。

大恒星能生产所有的元素,而且恒星越大,寿命越短,周期也短,所以,大恒星是制造元素效率最高的工厂。

要使两个原子核克服静电斥力聚变成另外的原子核,必须有足够大的动能,即要求恒星内部有极高的温度。氢、锂、铍等轻原子核在几百万 K 以上时就可以发生核反应,而碳、氧等重元素则需在 1 千万度以上。中心的氦耗尽时,壳层中的氢将继续燃烧。随着中心的收缩和温度的升高,碳结合成氧、氧聚变为硅等反应相继发生。

恒星可以包含几个核燃烧层,最终将由一系列不同成分的壳层组成。一般超过太阳质量 8 倍以上的恒星就能使聚变一往无前,其核心达到几十亿 K 的高温不断地创造不可思议的聚变。每次聚变所产生的能量都使恒星膨胀得更大一些,形成多层核聚变的巨大空间。

核物理理论可以给出不同初始质量的恒星在不同时期的外部表征和内部演变。外部表征决定恒星在赫罗图上的位置,内部演变结果之一是合成愈来愈重的原子核。这是因为氢燃烧结束后,星体继续引力收缩,中心温度继续升高,导致氦核聚变成碳核。

聚变过程有一个质量上限,在质量大于 15 倍太阳质量的恒星中,这种反应可以一直进行到铁元素的诞生。任何原子量高于铁的元素都不能够通过这种方法形成。

在地球上接触的重元素是怎样在恒星中产生的呢,比如人造钻石中的锆,烟花中的钡和灯丝中的钨?

铁之后的元素通过不断向原子核内添加中子而形成。因为中子是中性的,它不受电荷之间作用力的影响,很容易就可以接近原子核,这样就为形成重元素创造了条件。

当聚变到铁元素时,摇摇欲坠的恒星遭受到最致命的破坏。因为铁元素的结构极其稳定,它在聚变时不释放能量,于是,巨大而膨胀的恒星将会因核心失去支撑而倒塌。

宇宙演化之谜

在过去几十年中,天文学家已逐渐认识到现在宇宙年龄为 120 亿至 150 亿年。虽然人类的历史甚至地质年代无法与这段时间相比,但从宇宙的年龄来看,今天的宇宙仍然是个新生儿,刚刚开始的宇宙演化还有许多神奇故事没有上演!

始自大爆炸的宇宙,其最后结局已经蕴含在宇宙开始之时,根据宇宙总体密度 Ω(宇宙中包含的所有物质总量与总体积之比)值的大小,宇宙未来的命运有三种可能。

Ω 大于 1 时,宇宙称为"封闭"的。Ω 哪怕比 1 大极小的一点点,宇宙就会拥有足够的质量或能量靠自身引力阻止膨胀的趋势,膨胀速度将越来越小,并且最终会反过来收缩,把所有的物质捡回到一个难以想象的奇点。

Ω 小于 1 时,宇宙是"开放"的,将永远膨胀下去。

如果 Ω 恰好等于 1,宇宙的膨胀速度将最终趋于停止,但永远不会反过来收缩,此时的宇宙是"平直"的。

近年来的研究和观测表明,宇宙的运动形式的确是平直的。然而迄今为止,对宇宙物质进行的巡天观测表明,即使把暗物质包括在内,宇宙物质密度也只有临界密度 Ω 的三分之一。要想达到天文学家观测到的平直宇宙,光靠物质是不够的。1979 年度诺贝尔物理学奖获得者、美国学者温伯格(建立弱电统一理论)认为,物质密度中缺失的三分之二可能是能量,是广泛分布在虚空中的某种能量。能量对于宇宙的形状可以起到与物质类似的作用。但是,如果真空中存在能量,它会产生推斥作用,使宇宙膨胀加速。通过对超新星的红移等一系列观测结果的分析表明,宇宙的边缘正以越来越快的速度向外扩张。宇宙不但在膨胀,而且膨胀得越来越快。

目前还没有完全确定哪一种可能性是正确的。许多理论科学家倾向于 Ω 等于 1 论;基于近来几种方式的天文观测,表明 Ω 在 $0.2 \sim 0.3$ 之间的可能性很大。但是不论观测还是理论,都没有得出过 Ω 大于 1 的结论。

非平坦宇宙之谜

用光学望远镜可以寻找宇宙中不发光的暗物质,说来让人颇感惊异。但是科学家经过理论论证和天文观测实践,认为依据"引力透镜"效应,确实可以用光学望远镜发现暗物质。

广义相对论揭示,光线在引力场中要发生弯曲,这使人很自然地联想到光线经过光学透镜时发生偏折。如果有质量足够大的物体,从这个物体周围经过的光线就可能像经过透镜一样在物体的另一端成像,这就是引力透镜现象。

现代宇宙学尚未解决的问题之一,就是宇宙中存在下落不明的质量,这一部分质量的物质无法用人类目前的科学和技术手段观测到。对星系运动的观测表明,在光学、射电、红外或 X 射线波段可见的物质只占理论上宇宙总质量的一部分。

这个问题可以用简单的例子加以描述。许多星系聚集成团,形成束缚的引力结构,并不散开到周围的宇宙介质里。如果这些星系团只由可观测到的单个星系和星系际气体组成,其引力不足以使它们聚集在一起,因此存在电磁辐射形式上不可见的暗物质,但是能提供引力以维持星系团的存在。

科学界目前普遍认为,宇宙中约有 90% 的物质以暗物质形式存在,它们在电磁波谱的各个波段都是不可见的。根据广义相对论,光线引力场中会发生偏转,巨大的暗星系能像透镜一样把遥远天体的像放大、扭曲,从地球上用光学望远镜观察这种效果,将能确定暗星系的存在。

黑洞显然是这种暗物质的候选者,但是,各种观测结论排除了大量巨型黑洞聚集的可能性。很可能所有星系的核心都有一个质量很大的黑洞,但要解释下落不明的质量,在星系核外还得有许多巨型黑洞。如果质量远大于 100 万太阳质量的黑洞存在于漩涡星系的晕里,即在聚集着绝大部分可见物质的星系核球和星系盘之外,黑洞的存在只能有两种表现方式:作为引力透镜而使遥远恒星的像多重化;使星系盘中恒星的速度增大而使盘变厚。然而这些现象都从未被观测到。

星际消光奥秘

星际空间是指宇宙中恒星与恒星之间的广袤空间。星际空间中不仅充满各种物质,还遍布磁场。星际空间的物质分布是不均匀的,从望远镜里可以看到云雾状星云,那是星际空间物质密度较大的地方。星云以外还有极为稀薄的星际物质。

1937 年,在一些恒星的紫外区相继发现 CH、CN、CH^+ 等分子谱线,经分析断定它们不是来自恒星本身,而是产生于星际物质。由此开始了对星际分子的研究。

观测星际分子的主要工具是射电望远镜,绝大多数星际分子是借助分米—毫米波段的星际分子射电谱线发现的。

星际分子研究对恒星的起源和演化、银河系结构等研究有重大意义。将天体物理与生命起源联系在一起,导致产生了新兴边缘学科——天体化学。现在可以肯定地说,在宇宙中某些地方正在进行着由无机到有机,由非生命到生命的化学和生物的演化。发现星际分子至今已 30 多年,许多理论上的问题仍未解决。星际空间物质极其稀薄,温度极低,分子碰撞的机会极小,它们是靠什么结合到一起的呢?这需要进一步研究。

星际物质的存在是 1930 年因其消光性质而被发现的。星际物质包括气体和尘埃。气体由原子、分子、电子和离子组成。气体中元素丰度与根据太阳、恒星、陨石得出的宇宙丰度相似:氢最多,氦次之,其他元素很低。星际尘埃是直径约 0.1 微米的固态微粒,质量占星际物质的 10%,成分包括水、甲烷、氨等冰状物,二氧化硅、硅酸镁、三氧化二铁等矿物,石墨晶粒以及这些物质的混合物。

星际消光即星际尘埃对星光的散射,与波长成反比。光谱型相同的恒星远处的看起来偏红,所以星际消光也称星际红化。观测表明,恒星越靠近银道面,星际消光造成的红化越厉害,这说明消光物质多分布在银道面附近。

时间不对称之谜

牛顿和拉普拉斯时代,人们认为时间是可逆的,他们推导出众多的力学和天体力学公式,使用这些公式并没有对时间变量的方向加以限制,时间可以前行,也可以倒流。

把时间 t 和 $-t$ 的变换叫做时间反演操作,相当于时间倒流。在现实生活中不会发生时间的倒流现象,但是可以想象倒放录像带时出现的情形:人倒退着走路,树叶从地上升起来又长到树上,然后再缩小退回到树的枝干中。

一个静止不变或匀速直线运动的体系对任何时间间隔 t 的时间平移表现出不变性。对于一个周期性变化体系(单摆、弹簧振子),对周期 T 及其整数倍的时间平移变换对称。

“机不可失,时不再来”,“黄河之水天上来,奔流到海不复回”,“高堂明镜悲白发,朝如青丝暮成雪”,这些文学描述说明时间不能倒流,也即时间反演不对称。尽管只有少数理想的体系具有时间反演对称性,但确实有这种理想的体系。与时间对称性有关的部分守恒定律的对应关系见表 3-1。

表 3-1　　　　与时间对称性有关的部分守恒定律的对应关系

不可观测量	定律变换不变性	守恒定律	适用范围
时间绝对值	时间平移	能量守恒	完全
带电粒子与中性	电荷规范变换	电荷守恒	完全
粒子与反粒子	电荷共轭	电荷、宇称守恒	弱作用中破缺
时间流动方向	时间反演		破缺

生活中时间只有一个朝向。老人不能变年轻,过去与未来界限分明。但在物理学家眼中,时间却可以逆转。说一对光子碰撞产生一个电子和一个正电子,而正负电子相遇则产生一对光子,这个过程符合物理学定律,在时间上对称。如果用摄像机拍下两个过程之一然后播放,观看者将不能判断录像带是在正向还是逆向播放。从这个意义上说,时间没有方向。

不辨过去与未来的特性称为时间对称性。经典科学定律都假定时间无方向,这一假定在宏观世界中是正确的。近几十年来,科学家一直在探讨微观世界时间对称性问题。欧洲原子能研究中心经过三年实验研究,于 2000 年获得突破:至少中性 K 介子衰变过程违背了时间对称性。该发现动摇了基本物理定律应在时间上对称的观点,有助于完善宇宙大爆炸理论。

宇宙的对称性奥秘

自然法则中有许多体现了对称原则。法拉第电磁感应定律表明,电场和磁场可以互相变换,在电磁感应的框架内,电和磁是很完美的对称。按照爱因斯坦的质能互换公式,质量和能量可以互相变换,即 $E=mc^2$,这是质量和能量的对称。

根据宇宙大爆炸理论得知,宇宙创生之初,物质和反物质完全等量,这是物质和反物质的对称。最理想的情况就是,对称于宇宙,有一个结构和规则完全成镜像的反物质宇宙。

还有结构尺度上的对称,宇宙中的物质从电子、原子开始,都是一个层次上的物质形式聚合起来,形成更高一级层次的"元件"。这是一种特殊的对称形式,称为分形相似。

这个道理其实很简单。对称性反映不同物质形态在运动中的共性,而对称性的破坏才使得它们显示出各自的特性。对称性的破坏是事物不断发展进化,变得丰富多彩的原因。

20 世纪 50 年代(1956 年)以前,科学家相信所有的物理定律分别服从 C、P 和 T 的对称。C 代表电荷,C 对称的意义是,对于粒子和反粒子定律是相同的。T 指时间,T 对称是指,如果颠倒粒子和反粒子的运动方向,系统应该回到原先的样子,换句话说,对于时间的前进或后退,定律是一样的。

P 表示宇称,是"内禀宇称"的简称。它是表征粒子或粒子组成的系统在空间反射下变换性质的物理量。在空间反射变换下,粒子的场量只改变一个相因子,这个相因子就称为该粒子的宇称。P 对称指的是对于任何情景(像)和它的镜像定律不变。

但是后来的发现逐渐打破了这种唯美的对称,宇宙不像过去所想象的那么简单!

1956 年,李政道和杨振宁提出弱相互作用实际上不服从 P 对称。换言之,弱力使得宇宙的镜像以不同的方式发展。同一年,吴健雄设计了一个非常巧妙的实验,证明他们的预言是正确的。她将放射性元素的核在磁场中排列,使它们的自旋方向相反,结果表明电子在一个方向比另一方向发射出的射线更多。

科学家还发现弱作用不服从 C 对称,就是说,弱相互作用使得由反粒子构成的宇宙的行为与一般物质构成的宇宙不同。看起来,弱相互作用确实服从 CP 联合对称。也就是说,如果每个粒子都用其反粒子来取代,则由此构成的宇宙的镜像和原来的宇宙以同样的方式发展!然而,到了 1964 年,另外两个美国人克罗宁和费兹发现,K 介子的衰变并不符合 CP 对称。

宇宙基本结构之谜

按人类现有认识,宇宙结构包括各种粒子、能量和四种力。

宇宙由星系的巨大超星系团构成,星系周围是大片空荡荡的太空。每个星系又包含了数以 10 亿计的恒星,构成这些恒星的物质是一些小得看不见的粒子。质子、中子和电子是最普通的粒子,它们通常以原子的形式结合在一起。质子和中子由更小的粒子即夸克和轻子构成。

宇宙受四种力及它们之间的相互作用支配,这四种力即引力、电磁力、强相互作用力(核力)和弱相互作用力。这些作用力是由一团粒子带来的,这团粒子叫规范玻色子,它们在构成物质的粒子之间相互交换。物理学家一直试图证明这四种力源自一种单一的基本力。宇宙中的能量形式如核反应等,基本上都与这四种力有关。但是也有目前人类尚不能解释的能量形式,如类星体的能量。

引力是一种既能将星系结合起来,又能引起一根针下落的力。两个物体的质量越大、相互越靠近,它们之间的吸引力就越强。许多科学家认为,引力是由一种叫做重力子的粒子携带的,但至今没有人在任何实验中找到它们。

电磁力作用于所有带电荷的粒子之间,比如电子。作用于固体原子和分子之间的电磁力使固体具有硬度,这种力也具有磁性和发光的特性。携带电磁力的粒子叫光子,是产生光的粒子。

强相互作用力存在于原子核内,它把原子内的中子和带正电荷的质子结合在一起(质子经常试图互相推开,如果没有强核力,它们将相互飞开)。载有强相互作用力的粒子叫做胶子。

弱相互作用引起放射性衰变(原子核的破裂),称为β衰变。放射性原子不稳定,因为它的原子核容纳了太多的中子,当β衰变发生时,一个中子变成一个质子,释放出电子(这种情况下称为β粒子)。弱相互作用是由中间玻色子$W^{\pm}$和Z^0传递的。

物理学家试图用单一的科学定理来解释宇宙的运动,他们现在正向着"普适规则"方向进行研究。普适规则认为引力、电磁力、强核力、弱相互作用力都是相互关联的,并且指出所有亚原子微粒可能都是由一种基本粒子产生的。

宇宙基本粒子奥秘

追溯到20世纪30年代初,科学家只知道4种粒子。那时解释原子的性质,只需要质子、中子、电子和光子,中微子当时尚未被直接探测到,只是在解释β衰变时要用到它。

20世纪40年代以后,科学家可以利用加速器制造更小层次的粒子。加州理工学院的盖尔曼将这些粒子命名为夸克,并根据强子(质量和电荷等)性质,把粒子按8个一组划分排列,盖尔曼因发现夸克而获得1969年度诺贝尔物理学奖。

轻子的发现:1897年汤姆孙发现电子;1953年莱因斯和柯万发现电子中微子;1962年,莱德曼等人发现中微子有不同类型;1975年佩尔等人发现τ轻子,获1995年诺贝尔物理学奖;2000年,费米实验室证实存在τ中微子。

夸克的发现:1964年,盖尔曼和茨威格分别提出三夸克模型,指出重子和介子由夸克组成;1969年,斯坦福直线加速器中心验证了夸克的存在,并在普通物质或宇宙线中发现了能够证明上夸克、下夸克和奇异夸克存在的证据;1974年,丁肇中和里克特分别证实粲夸克的存在;1977年,莱德曼发现底夸克存在的证据;1994年,费米实验室发现顶夸克。

现在知道,基本粒子包括6种夸克和6种轻子。6种轻子是电子、μ子、τ子和它们各自对应的中微子,6种夸克是上夸克、下夸克、粲夸克、奇异夸克、顶夸克和底夸克。这12种粒子可以分为三个家族:第一家族包括上夸克、下夸克、电子和电子中微子,所有普通物质都是由它们组成的;第二家族包括粲夸克、奇异夸克、μ子和μ中微子;顶夸克、底夸克、τ子及τ中微子组成第三家族。

质子是由两个带有2/3单位正电荷的上夸克和一个带有1/3单位负电荷的下夸克构成,中子由两个下夸克和一个上夸克构成。尽管实验不能发现自由夸克,科学家仍在考虑是否可以把夸克继续分下去。

探秘伽马暴

天文学家对伽马暴的起源观点并不一致。一种观点是,伽马暴的发生是两个压缩中子星(或黑洞)互相碰撞和结合造成的,另一种观点是,超新星本身瓦解会引起极强烈的伽马暴。

对伽马暴的距离、X射线强度和喷射物的性质进行研究,科学家排除了两个中子星或黑洞碰撞造成伽马暴的可能性。他们认为伽马暴源自超新星爆发的可能性更大,而程度更强烈。

有关伽马暴距离的问题也有激烈争论。在1997年之前,一种观点认为伽马暴来自宇宙学距离上,另一种观点认为伽马暴产生于银晕中。1997年以后,依靠意大利和荷兰研制的SAX卫星,观测到一些伽马暴的X射线、光学和射电余辉,证实了它们的宇宙学起源。这个重大突破具有里程碑意义。

典型的伽马暴在其持续的几十秒时间,所释放的伽马光子总能量可高达$10^{51} \sim 10^{54}$尔格,不可避免地要形成一个以极端相对论速度向外膨胀的火球。余辉的观测初步证实了火球模型的正确性,但是很难据此推断伽马暴的能源机制,只能从伽马暴的光变曲线中发现一些蛛丝马迹。

宇宙伽马暴探测是一项基础研究,太阳伽马暴探测与人类生存环境有密切关系。太阳伽马暴会中断地球上的短波通讯,并扰动地磁,干扰高纬度

国家的大型计算机和石油管道的正常运作。γ射线对人有伤害,宇航员在飞船外作业需要事先对γ射线大爆发有所预见。

在我国第一艘正样无人飞船"神舟二号"上,曾搭载我国自行研制的宇宙伽马暴探测系统,这是我国首次进行宇宙伽马暴探测,此前只有美国、前苏联和欧盟国家具备这种能力。

没有任何理由认为一个文明能够永世长存。宇宙中有许多外界因素能毁灭生命世界。比如,宇宙中最有威力的现象γ射线大爆发,能使方圆几百光年内的生命灭绝,而每年能够观察到几百次这样的爆发。文明的高度发展也许能预测、防御这类灾难,但是另一方面也能导致自我毁灭。人类只是近50年来才进入了信息文明阶段,同时也拥有了毁灭自己的能力。要与宇宙智慧对话,关键是要生存下去,并尽可能地延长寿命。

宇宙微波背景辐射之谜

宇宙微波背景辐射相当于宇宙空间中的一种背景噪声,即来自宇宙中波长7.35厘米的微波噪声,相当于3.5 K的热辐射(1965年修正为3 K)。

从0.054厘米直到数十厘米波段的测量表明,背景辐射是温度2.7 K的黑体辐射,通常称3 K背景辐射。背景辐射充满宇宙各处,具有极均匀的各向同性。在几十弧分以内,辐射强度的起伏小于0.2%~0.3%,这是小尺度的各向同性。沿天球不同方向,辐射强度的涨落小于0.3%,说明相距遥远的天区之间存在过相互联系,这是大尺度上的各向同性。

微波背景辐射是极大时空范围内的事件,因为只有通过辐射与物质的相互作用,才能形成黑体谱。现今宇宙空间的物质密度极低,辐射与物质的相互作用极小,所以观测到的黑体谱起源于很久以前。

微波背景辐射最重要特征是具有黑体辐射谱,在0.3~75厘米波段可以在地面上直接测到。在大于100厘米的射电波段,银河系本身的超高频辐射掩盖了来自河外空间的辐射,因而不能直接测量。在小于0.3厘米波段,由于地球大气辐射的干扰,要使用气球、火箭或卫星等空间探测手段才能测量。

一般电视机的天线有时就会收到微波背景辐射信息。将频率调谐在两电视台频率之间时,在电视屏幕上能见到跳动的白色亮点并听到嘶嘶的噪声,该入侵信号的1‰就可能是从大爆炸直接进入你居室的宇宙微波背景辐射。

目前的看法认为,背景辐射起源于热宇宙的早期,这是对大爆炸宇宙学的强有力支持。3 K背景辐射与20世纪40年代伽莫夫、海尔曼和阿尔菲预言宇宙间充满具有黑体谱的残余辐射理论相符,他们的根据是当时已知的氦丰度和哈勃常数等资料。

试图定量地描述宇宙大爆炸状态的第一人,是美国天体物理学家伽莫夫,他将量子力学应用于研究在宇宙诞生时一定要发生的原子核作用的种类。

宇宙在大爆炸后的膨胀过程中,温度要降低,辐射的波长将变长(红移),但仍均匀地充斥在宇宙内,因为没有"宇宙之外"的场所可让辐射逸出。按照这一思路来计算,要使大爆炸时产生的氦的数量与在老年恒星中通过光谱分析得到的氦的量相匹配,残留下来的辐射应相当于5 K的温度,红移达到微波波长。伽莫夫认为,即使真的有残余的黑体背景辐射,也会由于地球上存在相同能量密度的星光而无法检测出来。

类星体发现之谜

1960年,美国天文学家桑德奇用5米口径的望远镜对含有射电致密源的区域进行了仔细搜寻,发现每个区域有一颗恒星酷似射电源。桑德奇认为强射电源3C48的光学对应天体是三角座一颗相当暗的恒星。3C48附近仿佛还能看到一块云状外壳,与曾经见过的都不一样。"3C"是"剑桥第三射电星表"的缩写。这个表是由英国天文学家赖尔和他的同事编制的,后面的号码表示这个射电源在表中的位置。

桑德奇、格林斯坦和施密特等人试图获得这些星体的光谱,1960年完成这项任务时,发现有许多陌生的谱线无法辨认。

1963年,荷兰天文学施密特和帕落玛天文台的同事发现了第二颗这样的星体3C273。哈泽德确认3C273是一对射电源,其中之一与一个暗弱的蓝色恒星状天体对应,另一个仿佛由它喷出。施密特拍摄了3C273光学对应天体的光谱,发现其光谱的6条谱线中有4条的排列方式与氢光谱十分类似,但离氢谱线的理论位置太远。这四条谱线其实是最常见的氢光谱,只是

整个光谱向红端移动很大。施密特解决了长期困扰的光谱问题,从红移值比星系还大这一点看,这个看似恒星的天体根本不可能是恒星。

3C273的红移达到0.158,按哈勃定律计算相当于以每秒4万千米的速度退行,距地球10亿秒差距。最亮的星系在这么远处只相当于18~19等星,3C273的亮度却达到12.86等。此外,普通星系在这一距离的视直径有5弧秒,照相底片是模糊的光斑。但3C273经过长时间曝光后,照相底片更像恒星,直径小于1弧秒。射电源核中约0.5弧秒的直径内发出一般的能量。这与光学观测的结果相同。

有两个射电源与3C273有关:一个来自这颗恒星,一个来自一小股物质喷流的迹象。仔细地研究还发现这些恒星含有非常丰富的紫外光。此后,又发现了一些光学性质与3C48、3C273相似的天体,如3C147、3C196、3C286等。但它们并不发出射电辐射,这类天体被称为蓝星体。这类天体英文名仍称为Quasar,但含义扩大为"类似恒星的天体"。1964年,中国血统的美国物理学家邱洪宜把这个词缩略成类星体。

按照哈勃定律把红移换算成距离,类星体根本不可能是银河系普通恒星,它们应该在已知的最遥远的天体之列,距离地球几十亿光年。

从20世纪60年代初到80年代初,总共发现了1 500颗类星体。1982年,中国天文工作者创造性地改进了认证类星体的方法,一下就发现了500颗新类星体。

类星体的反常特点

类星体有许多古怪的特点,大致表现在以下5个方面。

第一,类星体体积很小,有两个证据说明这一特点。第一个证据,即使在最大的望远镜里依然是星状的点,体积可能比普通星系还小得多。第二个证据,早在1963年就发现,在可见光区域和射电波区域,类星体发射出的能量都会发生变化,其增减幅度可达三个星等,没有明显的周期性。大部分类星体的光度在几年内发生明显变化,少数类星体光变很剧烈,在几个月甚至几天就有很大变化。在如此短时间内辐射有明显的变化,它一定是小天体。实际计算表明,类星体的直径可能只有1光周(即光在一星期内走过的路程,约等于8 000亿千米)。

第二，类星体由质量很大的核和核外的广延气晕构成。少数类星体被暗弱的星云状物质包围，如 3C48。有些类星体会喷射小股物质流，如 3C273。核心辐射出巨大的能量，在连续光谱上叠加着激发气体产生的既强且宽的发射线，其产生机制是同步加速辐射。类星体光谱中最常见的是氢、氧、碳、镁等元素谱线。氦线非常弱或没有。一般认为，光谱的发射线产生于气体包层，发射线很宽说明气体包层中存在强烈的湍流运动。有些类星体的光谱有很锐的吸收线，说明湍流运动速度很小。

第三，类星体发出很强的紫外辐射，颜色偏蓝。光学波段辐射是偏振的非热辐射。此外，类星体的红外辐射也非常强。一般认为类星体辐射出的能量是引力能，产生于超新星爆发或超新星引力坍缩。类星体射电源发出强烈的非热射电辐射，有些类星体还发出很强的 X 射线。射电结构一般呈双源型，少数呈复杂结构，也有非常致密的单源型。致密单源的位置基本与光学源重合。1980 年，皮科克观测一组频率为 2.7 GHz 的强射电源，发现类星体占 68%。卡帕西以 5 GHz 频率观测，类星体占 59%。由此可见，类星体射电源大部分是高频致密频谱源。

第四，类星体光谱有巨大的红移。有些类星体有多重红移。根据哈勃定律，巨大的退行速度意味着它们极为遥远。另一种观点认为大质量天体的强引力场造成引力红移。因为红移值和视星等的统计分析并不满足哈勃定律，3C273 的距离是假设这一定律能被满足计算出来的。现在正在寻找与类星体有物理联系的天体以确定类星体的距离。

第五，类星体光度极高、距离极远，它们的大小不到一光年，而光度却比直径约为 10 万光年的巨星系还大一千倍！璀璨的光芒使我们即使远在 100 亿光年之外还能观测到它们。

脉冲星发现之谜

1968 年 2 月，英国《自然》杂志刊载了一条足以让全世界激动不已的消息，该消息称英国剑桥大学的天文学家接收到来自宇宙空间的无线电信号。有些传媒据此断言这些信号来自地球之外的另一个文明世界。在这之前的科幻小说中，人们称想象中的外星人为"小绿人"，一时间，这一绰号便成为最热门的话题，人们以为苦苦等待的外星智慧生命就要出现了。

这种有规律的无线电信号的确是天文学家正在等待的某种东西,但是很遗憾,它不是"小绿人"试图与我们沟通的信号,而是来自物理学家早在30年前就预言存在的中子星。

中子星密度极大,自转极快,由于发出有规律的射电辐射,在发现之初尚未确认其实质时,它被称为"脉冲星"。这种天体被称为脉冲星,后来知道这个名字并不确切,却一直沿用下来。

脉冲星的发现为中子星和超新星理论提供了观测证据,为恒星演化理论增加了重要内容。脉冲星的研究涉及现代物理学中的一系列根本性的问题,已成为现代天文学、核物理学的重要研究课题。就其射电脉冲能量来说,脉冲星是一个巨大的能源库,但是在光学范围内却不很容易观测。因此,虽然早在20世纪30年代与脉冲星相关的中子星就作为假说被提出,却一直没有得到观测证实。因为理论预言的中子星密度超出人们的想象太多,人们普遍对这个假说持怀疑态度

船帆座可见光脉冲星的发现确认:脉冲星信号是在超新星爆发后的残余部分发出的。船帆座存在超新星爆发产生的星云,爆发时间比蟹状星云超新星早得多,因为它抛出的气体状物质是许多纤维状气体丝,布满广阔的空间。

超新星爆发产生了脉冲星,开始时,它们"脉动"得比蟹状星云脉冲星还要快,不但发出射电脉冲,还发出可见光脉冲。随着岁月流逝,脉冲节律不断变慢。大约在爆发后1 000年,脉冲周期变慢到同蟹状星云脉冲星那样,再过许多年,就变成同船帆脉冲星那样。随着脉冲周期变长,其可见光也变得愈来愈暗。当周期增加到1秒以至更长时,射电辐射可以探测到,可见光脉冲则早已消失。因此,只有这两个周期极短的脉冲星才能在可见光范围内看见,它们属于最年轻的一批脉冲星。超新星的爆云残烟还历历在目,而那些古老的脉冲星早已失去其可见光辐射,人们难得窥见其真实面貌。

脉冲星的未解之谜

脉冲星发出的信号是尖锐的脉冲辐射,在一个周期的绝大部分时段信号空缺,随之又在极短时间里辐射出巨大能量。很难解释脉冲星的射电辐射究竟是怎样产生的。有人这样设想:中子星的辐射沿某特定方向发出,自

转使它的辐射按一定时间间隔重复地发射到我们这个方向。

强大的能量释放，会使中子星自转逐渐放慢，从而使脉冲周期缓慢变长。蟹状星云脉冲星的周期每天增加 10 亿分之 36.48 秒，在其他脉冲星中也发现了这种现象。由此证实，脉冲星是自转中子星的说法有其合理性。

中子星可能有强度远胜过地磁场的磁场，磁轴与自转轴还可能不一致。中子星自转时磁场也转起来，转动过程中，中子转化成电子和质子，强电场将带电粒子抛离中子星。运动最快的电子沿弯曲的磁力线运动，发出的巨大能量足以使蟹状星云历经千载仍依靠这些电子发光。

由于磁场的存在，中子星释放的能量高度集中在电子飞行方向，即磁轴所在的两个锥状空间（类似灯塔的光柱）之中。磁轴转动时，远方的观测者就只能在碰巧被两锥之一扫到时才接收到辐射，形成很有规律的周期性辐射现象。

脉冲星自转会暂时性加快，然后再回到减慢趋势，蟹状星云脉冲星也发生过这种现象。

有些科学家认为，中子星自转加快是由突如其来的"星震"造成的。核物理学家认为，在冷却过程中，中子星表面已形成的硬壳有时会碎裂，此时再稍微收缩，自转速度就会突然加快。这类似于地球上较大的地震也会影响地球的自转周期。

有人认为，中子星自转变化是由于中子星向外抛射大量等离子体，或受到外部物质撞击。另有一种说法，中子星内存在超流中子，当其流向外部区域时会使自转突然加快。

除自转周期变快之外，关于脉冲星还有许多问题未解决。

（1）脉冲时间间隔不等，呈相互挤紧——分开的周期性变化，每天约重复三周的脉冲星。

（2）脉冲星发出的辐射以巨大能量的 γ 射线为主流，是 γ 射线的来源。

（3）银河系中处于活跃期的脉冲星可能多达 100 万颗，理论上超出了银河系产生脉冲星的量。

（4）每秒自转 642 周，直径只有几千米，质量是太阳的 2 至 3 倍，高速转动而不溃散的脉冲星。

（5）钱德拉 X 射线望远镜对中子星进行观测，发现在 20 光年内有极高能粒子喷发并伴有明亮的弧光,人们从未观测到其他脉冲星有这种规模的喷发。

这些现象或问题都有待于天文学家做出解释。

超新星爆发之谜

1054年金牛座有一颗超新星爆发,我国和日本都有记载。我国《宋会要》中有完整精确的记录:"至和元年五月晨出东方,守天关。昼见如太白,芒角四出,色赤白,凡见二十三日。"可见这颗超新星爆发异常惊人,它在白天都芒角四射,持续了23日,根据记录推算,当时的亮度达到-6等。

1731年,一位英国业余天文学家用望远镜对准该方向,发现一团模糊的云雾状东西,由于它的外形像一只大螃蟹,在1844年被人们称为"蟹状星云(Crab)"。初期,人们不太注意这只大螃蟹,相隔几十年后,人们在照片上发现螃蟹变大了——星云在膨胀。后来人们测定了蟹状星云距地球5 900光年,是金牛座内超新星爆发后的产物。从大爆发时开始,星云物质以高速向外喷发,900多年后成为今天巨大的蟹状星云。

直接观测也证明超新星爆发时抛射出大量的星云物质,形成膨胀着的气壳。例如在1901年,英仙座爆发一颗新星,15年后,发现它的周围有一团星云,每年还在不断膨胀。

超新星爆发是由于恒星内部轻元素因核反应耗尽,星体收缩,内部温度持续升高,重元素开始新的核反应。此时,星体不再辐射能量,反而从外界吸热,造成星体塌缩,中心压力猛增,电子被压到原子核里同质子结合成中子,形成高温、高密的中子核。当大量物质向中子核塌缩时,在很短时间内释放惊人的能量,恒星外壳爆炸破碎,被抛射到空间形成稀薄的星云,中间留下的中子核就是中子星。

根据中子星模型,太阳变成中子星后,直径不会超过30千米。一立方厘米中子星物质,其重量比一百万辆载重100吨的卡车所载物质还要重。一小块中子星物质在距地面1米高处落地,只靠自身重量就可以轻易地穿过地球,在地球上钻出一个洞。然后又钻回到地球另一边,给地球穿上一个又一个孔,直到最后停留在地心处。地球实在是经不起这样的折腾!

20世纪60年代末,发现脉冲星的新闻已传遍世界,学术刊物上发表了各种解释脉冲星的论文。这时,美国天文学家戈尔德提出,既然理论和实际的天体都无法以脉冲星的周期脉动,就应当放弃脉动想法,从其他角度寻求脉冲信号的来源。

脉冲星发射的脉冲信号能在万分之几秒内发生显著变化,因而脉冲星的尺度不会超过几百千米。恒星中的小个头白矮星的直径有几万千米。因此,脉冲星不可能是普通的脉动恒星。事实上,把脉冲结构进行更精细的分析就可发现,其强度变化最快可以达到百万分之一秒以下,相应天体直径最多只有 250 米。即使跟小行星相比,它也小得像侏儒。

天上最有规律的周期过程,并非是恒星不断胀缩或变形的脉动,而是转动。太阳每 27 天自转一周,有些恒星转得更快。脉冲星有规律的周期是否与某种自转过程有关呢?

普通的恒星如果自转太快,就会被离心力撕裂。即使密度极大的白矮星也不足以承受这样急速的自转。只有密度更大的恒星才能这样快速地自转。

中子星环境奥秘

一汤匙的中子星物质重达 10 亿吨,直径不过 50 千米那么大的中子星物质却比太阳还重。它们的外部披着脆弱的富含铁的壳层,内部则是流体——中子的海洋,整个中子星以每秒数百次的频率高速旋转。

中子星产生于超新星爆发,白矮星和黑洞是中子星的亲属,它们都是极端物质形式,有许多怪异的性质。它们都在遥远的星际,不可能近距离研究它们。但是实验物理学家却很想在实验室里有这么一块奇异物质,有什么办法呢?科学家利用一种"碱金属原子稀薄气体的玻色-爱因斯坦凝聚"(BEC)的物质形式,真的找到了一种方法可以把天体物理学从遥远的太空带回身边的实验室。

BEC 只及空气的 10 万分之一稀薄,比星际空间温度还低。中子星不但密度高,温度也高,其内部比太阳的核心还要热 100 倍。它们之间的共同点在于都是超流体,即都是没有摩擦和黏性的流体。BEC 和中子星的基本物理过程相同。

超低温状态下的氦-4 是最好的超流体,当它被冷却到绝对温度 2.2 K

(摄氏零下 271 度)时,一杯完全隔绝的氦-4 并不会随着旋转起来的杯子一起旋转。科特勒描述超流体的旋转"完全不同于普通的刚体,为了旋转,它们不得不采用涡流的形式。"

为了使 BEC 自旋,2001 年,科特勒和他的同事将旋转的激光束照射在由磁场所维持的凝聚体上,看到了一组规则的涡流阵列。进行这一实验时,科特勒根本没有想到中子星。"BEC 是一种新的物质形式,我们要对它进行深入研究,通过让它旋转,我们应该可以揭示出它的一些性质。""我们看到这些涡流时,实验结果令人激动不已。"科特勒等人以前都曾在液氦和 BEC 中看到过这样的涡流,但从来没有一次看到这么多。这种量子飓风阵列正是天文学家想象在中子星内部发生的现象。

反质子和反电子

反质子与粒子有什么区别呢?质子和中子各由三个被称为"夸克"的粒子组成。就目前的认识来看,夸克和电子同属构成物质的最基本单位——基本粒子。但是,越来越多的科学家认为,物质结构在不同的能量尺度上有不同的层次,最终的层次很可能不存在,所以"基本粒子"的提法未必正确。

自然界的物质都由粒子构成,这个事实表明,至少银河系以及邻近的宇宙天体是由粒子构成。粒子与反粒子理应成对存在,然而在宇宙中为什么不存在反粒子呢?要解开这个谜,不可避免地要回溯至宇宙诞生的时刻。

在宇宙空间中,被称为"宇宙线"的粒子流在纵横疾飞,也有宇宙线倾泻在地球上。宇宙线中除了少量氦原子核、电子等几乎全是氢原子核。地球所在银河系内的大恒星演化到最终引发的超新星爆炸的残骸使宇宙空间的粒子流加速。

宇宙线与地球大气发生碰撞后,构成宇宙线的粒子会转变成其他粒子。能量较低的宇宙线被地球磁场弯曲,不会到达地球赤道附近,而是倾注到地球高纬度地区。要研究初始的宇宙线,必须在地磁极所在的高纬度地区,几乎不存在大气的平流层之上进行观测。

能量较高的宇宙线与星际气体形式存在的氢原子核碰撞,会生成极少的质子和反质子对,这是宇宙中的基本粒子反应。在这种碰撞中产生的反质子的能量分布,理论上是能预测的,高能量具有特征峰值。观测数据显示出与这种预测大致相似的能量分布。被观测到的多数反质子都是质子彼此碰撞产生的。但是在能量的最低端,反质子数要比预测值多。因此,或者要对理论进行修正,或者预示了反质子还有别的来源。

科学家使用高性能的粒子检测器,以寻找宇宙线中的反质子等反粒子。美国航空航天局在加拿大北部,将巨型气球置于3.8万米平流层之上,用气球携带的粒子检测器寻找反粒子。在1993年和1994年两年间,科学家首次在数万个粒子中发现了8个反质子。

宇宙中充满了用光和电磁波无法观测到的暗物质。"超对称论"预言存在超对称性粒子,如果超对称粒子就是暗物质,它们在银河系内以百分之一光速穿梭碰撞,就有可能在产生极微量的质子的同时,产生反质子。目前还不能根据反质子的数据,对如此产生的反质子的能量分布给出圆满的解释。

认识反物质

学过初中物理的人就会知道,物质由分子组成,分子由原子组成,而原子是由原子核和电子组成,原子核由质子等粒子组成。理论和实验都证明,所有的粒子都有反粒子,反原子、反原子核都可以在加速器的产物里找到。

依据宇宙大爆炸模型,宇宙是从没有时间、空间、物质和能量的四无开始,因量子力学的"穿隧效应"而突然诞生。现在的情况是,科学家知道宇宙是产生于大爆炸,大爆炸以前什么都没有,爆炸以后,有物质,也应该有同样多的反物质。有负电子一定有正电子,有夸克一定有反夸克,所以有物质的话一定有反物质,不然就不会加起来等于"没有"。

按照等效真空理论,世界上的一切都是相对称的,有组成世界的物质,就有与之相反的反物质存在,宇宙中的正反物质应该是严格对称的。物质和反物质体系给物理学家、化学家、天体物理学家带来一系列新课题,也给人类带来新的憧憬。

反物质的存在是英国科学家狄拉克于1928年推测出来的,他因此而获得1933年度的诺贝尔物理学奖。他的推测所依据的原理也很简单,他注意到相对论的公式里面和量子运动的公式里面,质量都是以其平方项出现,质量的平方就等于质量乘质量,也等于负质量乘负质量。对不对呢?狄拉克提出了负质量应当如何解释的问题,从这个问题出发,他就推测一定有反物质。

反物质现在到哪里去了？一种解释说在宇宙中存在着由反物质组成的星系；另一种解释说宇宙诞生时产生的物质比反物质多了一点，物质与反物质相互湮灭后，剩下的物质就构成了现在的宇宙。会不会反物质比物质衰减更快呢？有些科学家研究的就是反物质的衰减速率。但这种物质与反物质的不对称现象与现行公式不符。目前对反物质了解非常少，对宇宙诞生和演化以及物质世界构成等问题的研究正处于艰难时刻。

宇宙暗物质之谜

宇宙充满了用光和电磁波无法观测到的"暗物质"，其质量比可见物质的质量多很多倍。天文观测和暴涨宇宙论表明，宇宙可能由 70％的暗能，5％的发光和不发光物体，5％的热暗物质和 20％的冷暗物质组成。即有 90％是看不见的暗物质。其中冷暗物质（DAMA）正是支持暴涨宇宙论的关键，它可能是宇宙早期遗留下来的弱相互作用的重粒子。

现有粒子物理标准模型不能解释冷暗物质粒子的形成及运动规律，科学家为此提出超对称粒子物理模型。寻找暗物质是世界高能物理研究的热点之一，寻找途径包括在超大型加速器上的实验，在地下、地面和宇宙空间对宇宙线粒子的测量。这些工作已经获得部分可能的证据，但是尚未发现暗物质和暗能量，这就是宇宙中的暗物质问题。

1972 年，中国科学院高能物理研究所云南高山宇宙线观测站曾观测到一个长寿命的重粒子的候选事例。许多科学家认为若此事例能被证实，则可能是暗物质的粒子。

由意大利罗马大学牵头，中国学者参加了中意 DAMA 合作组的冷暗物质粒子研究。两国科学家研制的 100 千克低本底碘化钠晶体阵列安装在意大利格朗萨索国家地下实验室，为了避免各种信号干扰，格朗萨索实验室建在一个高速公路穿过的山洞里，其岩石厚度有 1 000 米。经过 8 年的实验，已经探测到这种物质粒子偶尔碰撞碘化钠晶体中的原子核时发出的微弱光线，并获得这种信息的 3 个年调制变化周期。据此推算出这种粒子很重，它的质量至少是质子的 50 倍。实验的初步结果提供了宇宙中可能存在一种重粒子，即冷暗物质粒子的初步证据。该研究组于 1999 年在美国加州举行的第四届宇宙暗物质源和探测国际研讨会上公布了他们的初步探测结果。

科学家认为,这种粒子的存在将非常有力地支持暴涨宇宙论和超对称粒子模型,困扰天文学家70多年的谜团就能澄清,粒子物理、天体物理、宇宙学将会有突破性发展。

美国物理学家弗兰克说,如果这一发展属实,无疑是具有诺贝尔奖水平的。因而这一研究备受国际科学家关注。

中微子谜踪

根据现代科学的认识,还不能了解宇宙大爆炸以前和最初 10^{-43} 秒以内宇宙的样子。只知道大爆炸后 10^{-43} 秒时,宇宙的密度是每立方厘米 10^{49} 克,温度是 10^{32} K。瞬间以后,出现了今天所认识的粒子,其中有一类叫做中微子。它们不带电,质量极小,与其他粒子的相互作用极弱,长期在太空遨游。还有另外一些粒子,由于它们的相互作用较强,随着宇宙温度下降而逐渐凝结成原子、分子,凝聚成星球。大约50亿年前,太阳和太阳系形成了,其中也包括地球。

19世纪末,科学家发现,在量子世界中能量的吸收和释放不连续。不仅原子光谱不连续,原子核中释放的 α 和 γ 射线也不连续,这符合量子理论。奇怪的是,β 衰变时释放的电子组成的 β 射线的能谱却是连续的,而且电子应该带走的能量有一部分失踪了。

1930年,奥地利物理学家泡利提出一个假说,认为在 β 衰变过程中,除电子之外还产生一种静止质量为零、电中性、与光子不同的新粒子,并带走了另一部分能量。这种粒子与物质的相互作用极弱,仪器很难探测得到。未知粒子、电子和原子核的能量总和是确定值,能量守恒仍然成立,只是这种粒子与电子的能量分配有变化。泡利将这种粒子命名为"中子",认为它存在于原子核中。但在1931年美国物理学会的一场讨论会上,泡利认为这种粒子是衰变产生的。真正的中子于1932年被发现,费米遂将泡利的"中子"正名为"中微子"。

1933年,意大利物理学家费米提出 β 衰变定量理论,指出自然界中除已知的引力和电磁力以外,还有第三种相互作用即弱相互作用。β 衰变就是核内一个中子通过弱相互作用衰变成一个电子、一个质子和一个中微子。他

的理论定量地描述了 β 射线能谱连续和 β 衰变半衰期的规律,β 能谱连续之谜终于解开。

泡利的中微子假说和费米的 β 衰变理论逐渐被人们接受,但终究还蒙着一层迷雾:没有测到中微子。当时在柏林大学读研究生的中国科学家王淦昌也很关注 β 衰变和中微子问题,1942 年,回国后的王淦昌在《物理评论》发表《关于探测中微子的一个建议》。这年 6 月,该刊发表了艾伦根据王淦昌方案的实验结果,未能提供中微子存在的充分事实。1952 年,艾伦与罗德巴克合作终于成功地完成实验,稍后,戴维斯也实现了王淦昌的建议,并且证明中微子不是几个而是一个。

直接探测中微子,测量中微子与质子相互作用引起的反应,这种实验非常困难。直到 1956 年,这项试验才由美国物理学家莱因斯完成。

四、太阳、地球及月球之谜

太阳系小天体之谜

　　除了太阳、九大行星及其卫星,太阳系中还有众多的小天体,包括小行星、彗星、流星、陨星和行星际气体等。它们未经历物质演化过程,保留了太阳系形成初期的信息。

　　从巴勒莫天文台台长皮亚齐在1801年元旦首先发现小行星谷神星起,目前已发现2万多颗小行星。小行星形态各异,轨道有别。较大的接近球形,较小的呈不规则形。绝大多数小行星位于火星和木星轨道之间组成小行星带,轨道半长径在2.17～3.64天文单位的较宽区域。有些小行星的轨道近日点在水星轨道内,另有小行星的轨道远日点则在冥王星轨道外。已发现的小行星都绕太阳顺向转动,轨道偏心率和倾角都比大行星大。有些小行星有卫星,甚至不止一个。

　　研究小行星有重要意义。小行星保存着太阳系原始物质,为太阳系起源研究提供了关键资料。而分析小行星受到的摄动,则可以精确测量大行星的质量。

　　彗星是太阳系中的一类特殊成员,它们的轨道是偏心率很大的椭圆,甚至是抛物线或双曲线。前者为周期彗星,后者则为非周期彗星,一去将不再复返。当彗星掠过大行星时,会因受到大行星的摄动而改变轨道,周期彗星可能变为非周期彗星,或者反之。

　　行星际空间存在许多尘粒和固体块,称之为流星体,据统计,质量越小的流星体数量越多。流星体也沿一定的轨道绕太阳运转,在掠过地球时会受地球引力的摄动而向地球靠近。如果穿入大气，则与大气摩擦产生高温而气化。气化的分子、原子与周围空气的分子、原子进一步相撞，遂产生光和电离。这就是流星现象。大而坚实的流星体在穿越大气时来不及全部气化，剩余的固体部分落到地面，便成了陨石（亦称陨星）。图 4-1 为月球和毕宿五。

行星际气体主要来自太阳微粒辐射，即太阳风。行星大气的逸散、彗发和彗尾的扩散、行星和卫星爆发等也会向行星际补充气体。估计在地球轨道附近行星际气体的密度为 10^{-20} 千克/米^3 左右。越靠近太阳，气体的密度越大。

图 4-1 月球和毕宿五

初识彗星奥秘

"彗星"的"彗"字，中文意为"扫帚"，因此彗星俗称扫帚星。彗星英文拼写是 comet，来自希腊文，意思是有"尾巴"或"毛发"的星。古人偶见形貌奇怪的彗星，恐惧之余就将其视为灾祸的征兆，其实彗星出现是一种自然现象。

历史上有很多彗星记录，以我国古书中记录最早最多，有时记为孛星、妖星、异星、长星等。《淮南子》中有"武王伐纣……彗星出"，据张钰哲推算，这里描写的是哈雷彗星公元前 1056 年的回归，这是天文学对历史年代考证的重要贡献。

西方人长期受亚里士多德错误看法的影响,认为彗星是地球大气的燃烧现象,甚至哥白尼也认为"希腊人所谓的彗星,诞生在高层大气"。直到16世纪末,第谷才首次观测证明1577年大彗星比月球远得多,我国早在《晋书天文志》就有"彗星无光,傅日而为光。故夕见则东指,晨见则西指。在日南北皆随日光而指,顿挫其芒,或长或短。"

古代视彗星为偶然出现的天体,17世纪,英国天文学家哈雷计算彗星轨道,发现彗星具有规律性,并断言1682年出现的彗星在1758年底或1759年初会再次出现。1759年按时出现后,它被命名为"哈雷彗星"。以后遂成国际惯例,新发现的彗星以最先发现者命名(1994年规定最多两人)。

约2/3的短周期彗星的远日距小于7天文单位,即它们在远日点时临近木星轨道,称它们为"木星族彗星"。

除了过近日点时刻不同之外,其余五个轨道要素(轨道半长径、升交点黄径、近日点黄径、倾角、偏心率)都很接近的一些彗星称为"彗星群"。

绝大多数短周期彗星是顺向公转(与行星公转方向相同),轨道面相对黄道面的倾角小于45度,有少数(如哈雷彗星)逆向公转。而长周期彗星和非周期彗星的轨道面倾角是随机分布的,顺向公转和逆向公转的都很多。

已有观测记载的彗星有1 800多颗,去掉重复回归的,仅有1 600多颗。实际上,彗星只有运行到离太阳较近时才被观测到,远离太阳时就观测不到了,据统计估算太阳系有10^{12}到10^{13}颗彗星,它们绝大部分在太阳系外围区域。

彗发彗尾之谜

彗星是由未挥发的冰块和尘埃组成的小而脆弱的天体。彗星轨道是不对称椭圆,它们可以非常接近太阳,也可离太阳十分遥远,其轨道运行常常比冥王星更遥远。彗星的结构多种多样,且很不稳定。彗星包着一层称为彗发的挥发性物质,接近太阳时,彗发变大变亮。在彗发中央,可见到小而明亮的彗核(直径小于10千米)。彗发和彗核一起组成了彗头。

组成彗星的物质多半是冰,所以被称做"脏雪球"。彗星接近太阳时,背向太阳一方自彗头伸展出长逾几百万千米的明亮彗尾。远离太阳时,由于温度很低,彗头中的挥发性物质渐渐在彗核上凝固。彗星离太阳非常近时,

彗核的表面物质蒸发,汽化的微粒夹带微尘埃,组成气体尘埃状彗发。

彗星运行到近日点附近时,可以分为彗头和彗尾两部分,其中彗头由彗核和彗发组成,彗尾则分为离子尾和尘埃尾。

彗发和彗尾的体积都非常大,而且彗尾可以拖得很长。但是它们所含物质量极少,透过彗尾甚至可以看到后面所有平常可见的星体。彗星物质绝大部分集中于不大的固态彗核中,彗发和彗尾物质归根结底来自彗核,因此彗核是彗星的本体。

彗发的光谱特征是连续光谱背景上有许多分子、原子、和离子的发射谱线或谱带,说明彗发是由尘埃(散射太阳光而呈连续光谱)和一些分子、原子、离子(发射线或谱带)组成。已经测出彗发中有 H、C、O、CO、NH_2、H_2O、CH_4、HCN、H_2CO、CH^+、HCN^+ 等几十种原子、分子和离子。

彗发亮度自内向外减弱,说明密度内密外稀。彗发的大小和亮度随着离太阳远近而变化,各种成分在彗发中的分布情况也不同,用窄带滤光片或光谱观测可以了解某种成分在彗发中的分布。CN 彗发的典型大小可达百万千米,C_2 彗发达几十万千米,OH 彗发达几万千米,氢云达千万千米。在彗星离太阳 1 天文单位时,物质向外流失率约每秒 $10^2 \sim 10^4$ 千克。

彗头中物质的大小和质量不一致,在太阳射线冲击和太阳风作用下,彗头物质被吹离的速度也不一致。因此,尘埃彗尾由于相对巨大且加速度较小而呈弯曲状;离子彗尾因质量小且加速度较大,看上去几乎是彗星相对于太阳的一条直线。人们熟悉的威斯特彗星和海尔-波普彗星都显示两条不同的彗尾。细小蓝色的离子彗尾由气体组成,粗大白色的彗尾是由微小尘埃组成。

彗星化学结构

彗尾的光谱观测分析表明,尘埃彗尾主要由尘粒组成,常称为"彗星尘",尘粒大小从十分之几到上百微米。彗星尘受彗核的引力极小,主要受太阳引力和太阳辐射压力(光压)的推斥作用,斥力与引力的大小之比为 $5.7 \times 10^{-5}/(ap)$,其中 a 与 p 分别为尘粒半径和密度。因此,尘粒背向太阳运动,加上尘粒随彗核绕太阳公转的运动,不同时间离开彗核的尘粒就形成弯曲的尘埃彗尾,尘粒愈大,表现为尘埃彗尾更弯曲。

等离子体彗尾含多种气体离子,CO^+ 最多,H_2O^+ 次之。等离子体彗尾又长又直,表明离子受到的斥力更大(为太阳引力的几十到 100 倍以上),这是太阳风(来自太阳的高速等离子流)及磁场作用于彗星离子体而产生的推力。太阳风及磁场变化导致等离子体彗尾出现扭折、螺旋波及断尾等现象。

彗星尘埃和气体的特征、各种形态与现象,取决于彗星本身性质、太阳辐射和太阳风。以水冰为主要成分的彗核被太阳辐射照射时,一部分辐射能被反射掉。彗核吸收的太阳辐射能加热和蒸发彗核表层物质,并转化为红外热辐射。彗星到达离太阳约 2 天文单位时,彗核表面温度达 200K,水冰升华更有效,并带出尘粒和冰粒,从而彗发开始生长。

从彗核出来的"母分子"被太阳辐射(光致)离解或发生化学反应,生成"子分子"。例如 H_2O 离解为 $H+OH$。彗星子分子多是地球条件下不稳定的"基"分子(OH,CN,CH,NH_3 等),这些分子被太阳辐射作用而激发,发出荧光辐射,生成彗星离子。这些彗星气体与太阳风及其磁场相互作用,在朝太阳一侧形成类似于行星磁层式的结构,离彗核 $10^5 \sim 10^6$ 千米处有弓形激波面,离彗核 $10^3 \sim 10^4$ 千米处有间断面,间断面以内是纯彗星气体,其外是太阳风与彗星气体混合的载质太阳风。

随气体从彗核出来的尘粒形成尘粒彗发。彗星尘散射太阳光,也发射连续的红外辐射及波长 10 微米、18 微米的电磁波。太阳辐射压力把尘粒推斥,形成尘埃彗尾。彗星尘也会被太阳辐射离解而生成分子及原子。实际上,彗星物理—化学过程远比这要复杂得多。

太阳系中的流浪汉——流星和陨石

在晴朗的夜空里,有时会看见一道明亮的闪光划破天幕,飞流而逝,这就是人们常见的流星现象。在太阳系的广袤空间中,布满了无数的尘埃般的小天体——流星体,当它们以高速闯入地球大气后,与大气产生摩擦,形成灼热发光现象,称为"流星"。由于流星体一般很小,大多数流星在大气高层中都烧毁气化了;也有少数大流星,在大气中没燃烧尽,落到地面的残骸就称为"陨星",也叫"陨石"。

行星际空间有众多的尘粒和固体块,称为流星体。受地球引力摄动,有些流星体向地球靠近并穿入大气,因剧烈摩擦而电离发光,这就是流星现象。流星现象多发生于 80~120 千米高空,一天约有 50~80 亿颗流星体进

入大气,质量达数千吨。质量大于数百克的流星体来不及在高空全部气化而进入稠密的大气底层,出现明亮的火流星现象。

大而坚实的流星体在穿越大气时来不及全部气化,剩余固体部分落地,便成了陨石(亦称陨星)。我国历史上约有700多次陨石落地的记载,是研究古代陨石最为系统的珍贵资料。

按化学成分和矿物组成,陨石可分为三类:石陨石(92%),铁陨石(6%)和石铁陨石(2%)。

铁陨石中,铁占90%左右,镍占7%~9%,其余为钴、铜、磷、硫等。最大的铁陨石是1920年发现的非洲戈巴陨铁,重约60吨。我国新疆大陨铁重约30吨,为世界第三大陨铁。

石铁陨石中,铁镍和硅酸盐等矿物大致各占一半,还含有氧化镁、钠、钙、铝、锰等。

石陨石中最丰富的矿物是橄榄石。约84%的石陨石是球粒陨石,由地球上没有的粒状物组成,是在融熔状态下结成的球状或扁球状的结晶粒,直径不大于3毫米,主要是硅酸盐成分,还含有一些铁、镍等金属。

陨石在陨落过程中会爆裂形成陨石雨。1976年3月8日吉林陨石雨创历史之最,其中的1号陨石重1 770千克,是迄今所见最大的石陨石。

陨石撞击地面会形成陨石坑。世界最著名的陨石坑位于美国亚利桑那,直径1 240米,深170米,在其周围收集到25吨陨铁。20世纪70年代初,美国科学家首先在2块陨石中发现有机物,至今已发现陨石中有近百种有机物。这为生命起源的研究提供了重要资料。

美丽壮观的流星雨

除了"偶发"流星外,还有一类常常成群出现的流星群,它们有十分明显的规律性,出现在大致固定的日期、同样的天区范围,所以又叫周期流星。

但是每年一些固定日期会看到许多流星从星空中某一点(辐射点)向外迸发,这是地球与流星群相遇的结果,有时十分密集,被称为流星雨。目前认为流星群主要是由周期彗星瓦解而产生。少数流星群可能是小行星被撞的碎片。每年11月中旬的狮子座流星雨最为著名。

流星群是一群轨道大致相同的流星体,当冲入地球大气时,成为十分美丽壮观的流星雨。当它出现时,成千上万的流星宛如节日礼花一般从天空中某一点附近迸发出来,这一点就叫做辐射点,通常把辐射点所在的星座名作为该流星群的名字。例如 1833 年 11 月的狮子座流星雨,那是历史上最为壮观的一次大流星雨,每小时下落的流星数达 35 000 之多。中国在公元前 687 年曾记录到天琴座流星雨,"夜中星陨如雨",这是世界上最早的关于流星雨的记载。

流星群通常以形成流星雨时的辐射点所在的星座来命名,有时也用与之相关的彗星来称呼。著名的英仙座流星群已被观察了近两千年。它在 7 月 27 日~8 月 16 日出现,相关的彗星是斯威夫特—塔特尔彗星(1862 Ⅲ),周期为 130 年。1992 年英仙座流星雨活动极盛期,在 8 月 12 日晚出现了如钢花四溅的壮观景象,而它的母体彗星也于 9 月 26 日被捕捉到。狮子座流星群(11 月 16 日~19 日)的母体彗星是 1866 Ⅰ,每隔 33 年就会出现一次特别密集的流星雨。由比拉彗星瓦解而成的流星群在 11 月 27 日前后出现,周期为 6.6 年,辐射点在仙女座。

陨石之谜

陨石在陨落过程中爆裂会形成陨石雨。1976 年 3 月 8 日吉林陨石雨是历史上最大的陨石雨,分布地区东西长 72 千米,南北宽 8.5 千米。共收集到百余块陨石样品,总重约 2 700 千克,最大的一块重 1 770 千克,是迄今所见最大的石陨石。

对 1 000 多次目击陨石降落的统计,石陨石占 92%,铁陨石占 6%,石铁陨石占 2%。

还有另外几类陨石。微陨石太小,陨冰太少,对这两类陨石的研究尚不充分。我国无锡自 1982 年以来已发生 4 次陨冰事件。玻璃陨石多数形如玻璃纽扣,主要成分是二氧化硅,颜色较深,我国古代称"雷公墨",我国只在雷州半岛和海南省有发现,其成因还是一个谜。

20 世纪 70 年代初,美国科学家首先在两块陨石中发现有机物,至今已从陨石中找到近百种有机物。这对生命起源的研究提供了重要资料。

用空间遥感等技术已发现 100 多个大型陨石坑,是大质量陨石撞击地面形成的,通过取土化验可以测出成坑的年代。

世界最著名的陨石坑在美国亚利桑那州,直径约 1 240 米,深约 170 米,坑周围的环形边缘比附近平地高出 40 米左右。在坑旁边已搜集到 25 吨陨铁,有人估计地下还埋着上百万吨。据分析,该陨石坑形成于 2 万年前。

近几年来,遥感地质工作者在我国境内发现了 2 个大型陨石坑。1982年在位于广东省的始兴县境内,发现一直径 3.2 千米,深 250 米,呈碗状的陨石坑。坑底保留着放射冲击的痕迹,周围有典型的岩石被冲击变质现象。另一个是 1986 年发现的,位于河北与内蒙古交界的地区。这是一个特大陨石坑,内环直径 70 千米,外环直径 150 千米。据分析,它形成于 1.4 亿年前。此外,1993 年用星载合成孔径雷达成像技术,确认在山东栖霞县唐家泊也有一处陨石撞击构造。

最大的陨石坑在南极冰原之下,直径 240 千米,深 800 米。估计是 60 多万年前一颗 130 亿吨的陨石所致。

笔尖上发现的行星——海王星

海王星被称为"笔尖上发现的行星",先由天体力学理论计算出位置,再由望远镜找到。

海王星距太阳的平均距离是 45 亿千米或 30 天文单位,在海王星上看太阳,只有在地球上所看到的金星那样大。海王星运行速度还不到 5.5 千米/秒,公转周期约 165 年。从被发现至今,它还没有在其轨道上转满一周。

海王星的组成成分与天王星的很相似:各种各样的"冰"和含有 15% 的氢和少量氦的岩石,它的大气多半由氢气和氦气组成,还有少量的甲烷。

同土星、木星一样,海王星内部有热源——辐射的能量是它吸收的太阳能的两倍多。

甲烷吸收红光,因而在望远镜里看起来是一个非常漂亮的蔚蓝色天体。海王星表面上单位面积得到的太阳光要比地球少得多,大概只有 1/900,其表面温度不超过 −227℃。"旅行者"2 号探测器确定海王星有扭曲的磁场。

同天王星和木星一样,海王星的光环十分暗淡,在地球上只能观察到暗淡模糊的圆弧,而非完整的光环,内部结构仍是未知数。1980 年 8 月 20 日,"旅行者"2 号发回的照片清楚地展示出,海王星有 5 道环,有的较完整,有的残缺不全。

海王星已知的 8 颗卫星中,较大的海卫一和海卫二是地面望远镜发现的,其他都是"旅行者"2 号发现的。海卫一运动特殊,其公转方向与海王星自转方向相反,是逆行卫星。海卫二也不寻常,其轨道偏心率比太阳系所有卫星的都大。这两颗卫星都是不规则卫星。

1989 年 8 月 24 日,经过 12 年长途跋涉,"旅行者 2 号"探测器如期造访海王星,这是它旅途的最后一站,拍摄了大量海王星的近距离照片。海王星上狂风呼啸,气旋翻滚且极度寒冷,南半球有一个醒目的大黑斑,形状、位置和大小与木星大红斑类似。天文学家认为是大气旋,是令人惊心动魄的风暴区。作为典型的气体行星,海王星上呼啸着按带状分布的大风暴或旋风,海王星上的风暴是太阳系中最快的,时速达到 2 000 千米。

然而,1994 年哈勃望远镜对海王星的观察显示出大黑斑竟然消失了!几个月后哈勃望远镜在海王星的北半球发现了一个新的黑斑。这表明海王星的大气层变化频繁,这也许是因为云的顶部和底部温度差异的细微变化所引起的。

海王星的磁场和天王星的一样,位置十分古怪,这很可能是由于行星地壳中层传导性的物质的运动而造成的。

海王星发现之谜

海王星的发现是科学史上极富戏剧性的逸闻。

英国天文学家威廉于 1761 年意外发现的天王星经常有"越轨"行为运行速度忽快忽慢。许多天文学家猜测在天王星轨道以外可能另有一颗未知行星,以其引力干扰了天王星的运动。

剑桥大学的亚当斯经过 2 年的细致计算,到 1845 年 9 月完成这项繁重的工作:它是一颗位于宝瓶座的 9 等星。亚当斯将计算结果呈送格林尼治天文台台长艾里,请求帮助寻找新行星。学究气十足的皇家天文学家艾里未及细看便将亚当斯的论文锁进了抽屉。

1845 年夏,34 岁的天文学家勒威耶也在全力计算未知行星的轨道,并分别于当年 11 月 10 日和次年 6 月 1 日向法国科学院提交了论文,在第二篇论文的末尾写道:"我将在下一篇报告中算出这颗未知行星的位置和质量。"

勒威耶的第三篇论文宣布视星等为 8 等的新行星将出现于宝瓶座,但是没有引起法国天文学家的重视。勒威耶只好向其他天文台求援,求援信件于 9 月 23 日送到伽勒手中:"尊敬的伽勒台长:请你在今天晚上,将望远镜对准摩羯座 δ 星之东约 5°的地方,你就会发现一颗新星。它就是你日夜在寻找的那颗未知行星,它的小圆面直径约 3 角秒,运动速度每天后退 69 角秒。"

伽勒首先将勒威耶的信交给以研究彗星著名的天文学家恩克,那一天是恩克 55 岁生日,他更看重与家人的团聚而不愿意观测。伽勒自己在当晚进行了观测,半小时后果然在离勒威耶预告位置不足 1′的地方发现一颗星图上从未标记的暗星。以后几晚观测到该星的位置移动也在勒威耶的估计范围之内。

艾里读到勒威耶的第二篇论文之后异常震惊,他想起亚当斯和数月前的论文,遂令查利斯搜寻新行星。查利斯于 1846 年 7 月 29 日开始搜寻工作。两个月中多次观测到这颗行星并记录下它的位置,查利斯判断这只是一颗普通恒星。当艾里事后知道亚当斯所计算的未知行星轨道与实际轨道相差无几时,已是追悔莫及。

1846 年 9 月 25 日,伽勒致函勒威耶:"先生,您指出了位置的那颗行星是真实存在的。"

勒威耶拒绝用自己的名字命名新行星,希望遵守用神话人物命名行星的古老传统。科学界最终采用海神涅普顿(Nepture)的名字来称呼新行星,中文名称就是"海王星"。

海王星的发现因为佐证了近代科学理论的精确性,成为科学史上的佳话。勒威耶的推算使用了 33 个方程,这令老天文学家伽勒感叹不已,他冒着严寒酷暑观测了一辈子不得其果,这个初出茅庐的晚辈却用一支笔运筹帷幄。

冥王星依然披着神秘的面纱

冥王星发现至今只有 70 多年,仍然是太阳系中未知数最多、面目最模糊的行星。20 世纪 70～80 年代是太阳系航天探测的黄金时代,八大行星(冥王星已被天文学家归类为矮行星)中已有 7 颗被行星际探测器造访过,作为矮行星的冥王星是死角,它在行星参数表上留下的空白最多。

1978 年 7 月,美国海军天文台的克里斯蒂在研究冥王星的照片时,偶然发现冥王星的圆面略有伸长。他查遍 1970 年以来所有的冥王星照片并发现其出现的规律,从而断定冥王星有一颗卫星。冥王星相隔实在太远,在大望远镜里也不能与其卫星分开,只能看到时短时长的变化。冥王星的卫星被命名为查龙(Charon),在希腊神话中查龙是普鲁托的役卒,专在冥海上渡亡灵。查龙的公转周期与冥王星的自转周期一样,都是 6.387 天。

查龙直径为 1 180 千米,与冥王星直径之比是 1∶2,相比八大行星中卫星与行星直径之比都要大,因而冥王星和查龙更像双行星系统。

冥王星的行星身份正遇到质疑。冥王星的直径、质量是行星中最小的,密度为每立方厘米 1.8～2.1 克,反照率为 50%～60%,这同外行星的几颗大卫星很相似。作为太阳系遥远边界上的天体,冥卫星神秘的身世对天文学家有很大的吸引力。

1992 年,天文学家在海王星轨道外的柯伊伯带发现数以百计由冰和石组成的彗星,其中约 70 颗彗星与冥王星的公转轨道相近。美国罗斯地球及太空中心的科学家认为冥王星是柯伊伯带成员,应该取消其第九大行星的身份。

发现冥王星后,科学家一直致力于在太空寻找更遥远的第十颗行星。但是,如果最终确定冥王星不是行星,则会使人类认识到,太阳系是一个由八大行星和环绕在其外的小行星带构成的,冥王星就是小行星带的出类拔萃者。

美国东部时间 2006 年 1 月 19 日下午 2 时,人类历史上首个造访冥王星的探测器"新地平线"号在佛罗里达州卡纳维拉尔角肯尼迪航天中心发射升空(图 4-2)。"新地平线"号宇航器计划在飞行 48 亿千米后,于 2015 年年中前后抵达冥王星附近空域。

图 4-2 "新地平线"号工作设想

除了探测神秘的冥王星外,"新地平线"号的太空之旅还将研究冥王星的主要卫星冥卫一以及两个最新发现的冥王星卫星。冥王星和查龙会不会是一对双子星呢?只要"新地平线"号成功抵达冥王星附近太空,诸多科学谜团,都可能在几年后逐步解开。

(注:尽管在 2006 年国际天文学联合会大会上投票决定改称冥王星为矮行星,但是仍然有很多天文学家不同意这样的定义。)

小行星轨道探谜

早在 1772 年,天文学家就发现行星轨道与太阳的距离分布近似符合"提丢斯—波得定则":$a_n = 0.4 + 0.3 \times 2^{n-2}$ 式中 a_n 为行星到太阳平均距离(天文单位)。当时已知的水星、金星、地球、火星、木星和土星,n 值分别取为 $-\infty$,2,3,4,6,7,但是 n 取 5 时没有已知行星与之对应。

1801 年,巴勒莫天文台台长皮亚齐元旦之夜观天,偶然在金牛座发现一个天图上未曾标出的新天体,当时测定直径是 700 千米(现在测定 1 000 千米)。他先认为是彗星,后证实是一颗行星,这颗后来命名为"谷神星"的小行星与太阳的平均距离是 2.8 天文单位。新天体恰好对应 $n = 5$ 时的提丢斯—波得定则,引起天文学家的极大兴趣。1802 年、1804 年、1807 年,又相继发现智神、婚神和灶神三颗小行星,都对应 $n = 5$ 时的提丢斯—波得定则。估计小行星总数多达 50 万颗,质量约为地球的万分之四。

小行星绝大多数位于火星和木星轨道之间形成小行星带。小行星轨道半长径不均匀地分布在 2.17～3.64 天文单位的较宽区域,有些区域密集,有些区域几乎没有小行星而形成空隙。这些空隙和密集区的分布却很有规律,是在小行星公转平均角速度 n 与木星公转平均角速度 n_1 成简单整数比的地方。其中比 n_1/n 为 1/2、2/5、1/3 处为空隙,在 1/1、3/4、2/3 的地方为密集区,称为轨道的"通约"或"共振"。

有些小行星不在小行星带内,距离太阳较近的进入到水星轨道以内,远的则达冥王星轨道之外。1932 年发现的阿莫尔小行星,其轨道几乎与地球轨道相交。近年来发现的 1991BA 小行星,距地球最近时为 0.001 1 天文单位,仅为月—地距离的一半。据估计,小行星与地球相遇的几率每百万年 3 次。

小行星的研究与作用

小行星轨道偏心率和倾角都比大行星大,平均约为 $e=0.15, i=-0.4$ 度。已发现的小行星都绕太阳顺向转动。较大的小行星的形状接近球形,而较小的则呈不规则形。由于形状不规则和自转,小行星的亮度会发生周期性变化,所以由光变曲线可分析出小行星的自转周期和大致形状。小行星的自转周期一般为 $2\sim16$ 小时,自转轴取向无规律。1993 年 8 月"伽利略"探测器拍摄的 2 颗小行星表面上都布满了撞击坑。

我国天文学家在小行星研究方面做过大量工作,北京天文台小行星研究组迄今共发现获暂定编号的小行星约 3 000 颗,其中 275 颗小行星由该项目组获得国际永久编号和命名权。

在已命名的小行星中,有我国许多古今杰出人物。例如,第 1802 号张衡,第 1888 号祖冲之,第 1927 号一行以及第 2051 号张钰哲,第 3405 号戴文赛等。

小行星中也有不少是其他意义的名称,如"中华"、"北京"、"北京大学"等。

小行星研究有重要意义。由于小行星质量小,容易受大行星的摄动,它们对大行星运动却几乎没有影响,加之小行星在望远镜中是一个小光点,容易精确测定位置,可利用小行星受到的摄动精确测量大行星的质量,例如早在 1870 年就曾用 29 号小行星测过木星质量,用 659 号测过土星,用 433 号测过水星、金星和地月系统,甚至利用近地小行星测过天文单位长度、春分点位置等。研究小行星对了解太空环境,保障宇宙飞船航行安全方面也十分重要。人们甚至想利用小行星作为天然空间站和宇航转运站。在太阳系起源问题研究中,小行星也是重要的。因为它比陨石和月岩受到的破坏因素还少,易保存太阳系初始的原始物质,为太阳系起源研究提供关键的资料。

太阳系存在未知行星吗

直到 20 世纪最后一年,人类对太阳系家族中行星的认识是相对固定的,即九大行星和主要位于火星与木星之间的大量小行星。是否还有其他的行星,人们基本上没有认真考虑过。但是最近几年的天文发现改变了人们传统的看法。

2000 年 11 月,天文学家的最新观测表明,太阳系边缘"柯伊伯带"(图 4-3)里名叫"伐楼拿(Varuna)"的天体直径达到 900 千米,反射阳光的能力约为 7%。在此之前发现的柯伊伯带天体中,最大的是直径 2 400 千米的冥王星,其次是直径 1 180 千米的冥卫一,冥王星和冥卫一之外,还有一个直径为 600 千米天体。相比之下,伐楼拿不显得特别小,冥王星和冥卫一在体积上不再具有特别优势,这促使人们重新审视柯伊伯带天体的地位。

柯伊伯带是海王星以外的一个带状区域,里面有大量主要由冰组成的天体,据认为数量可能超过 7 万。伐楼拿名字取自印度神话中主管宇宙秩序与法则的神。

图 4-3　柯伊伯带

柯伊伯带中的天体运动缓慢,而且温度很低,非常暗淡,难于被生活在地球上的人发现。位于美国夏威夷的火奴鲁天文学研究所的科学家,使用装备在夏威夷的天文望远镜——詹姆斯·克勒克·麦克斯韦望远镜观测伐楼拿的远红外图像,并将它与夏威夷大学望远镜在同一时间观测到的光学图像进行比较,计算出了伐楼拿反射阳光的能力及其直径。

伐楼拿的直径和反照率等数据表明,冥王星之所以在柯伊伯带天体中率先被发现,并被公认为太阳系第九大行星,很大程度上可能是由于它表面为冰层所覆盖、能够反射 60% 的阳光,而并不是因为它的体积更大。科学家推测,在这一区域也许还存在更多尚未被发现的与冥王星体积相当甚至更大、与太阳距离更远的天体。这一说法很快就因新发现而更具说服力。

无家可归的星体

传统的行星概念是：围绕恒星运行的自身不发光的天体。教科书中给出的行星的形成过程是：在恒星形成后，由其发散出的气体以及固体尘埃所组成的涡旋逐渐形成了行星。科学家就是这样解释太阳系大行星的形成过程。这样给出的行星的定义由于新发现的一些天体而遇到了挑战。科学家开始重新思考：什么样的天体才能称为行星？

从 1995 年发现围绕另一颗恒星旋转的行星以来的，在过去几年，50 多颗太阳系以外行星的发现令科学家惊叹不已。它们与我们熟悉的行星不同，体积多数超过木星许多倍，其中一些更像另一类星体：棕色矮星。

近来，美国天文学家在猎户星座发现了 18 颗"无家可归"的行星状星体，它们没有被束缚在任何恒星周围，而且这些行星状星体的形成难以用目前的行星形成模型来解释。这 18 颗天体中，质量最小的相当于木星的 5～8 倍，最大的则相当于木星的 13～15 倍。《科学》杂志连续两期发表对这些"无家可归"的行星状星体和另外 168 颗新星体的研究结果，显示行星形成比想象的更快。如此，科学家需要重新考虑有关星体的理论和有关行星定义的问题。168 颗新星体是用委内瑞拉国家天文台的数码相机与威力强大的广角望远镜完成的。

天文学家还没有确定如何称呼这些新天体。从亮度和光谱特征分析，它们的大小、温度和组成像行星；它们不像传统的行星那样被处于支配地位的恒星束缚，因为太小又不可能是褐矮星，因此只能暂时称之为行星状星体。

恒星定义也有模糊不清的地方。有专家认为，恒星与行星一样，也是由涡旋所形成的。这往往出现在双星体系当中，当一颗恒星形成后，另一颗恒星又通过其剩余物质而产生。

科学家认为新发现将会扩展有关恒星和行星理论。委内瑞拉的布里色诺研究了年龄在 100 万与 1 000 万年间的星球，发现年龄在 1 000 万年的星球已没有围绕在最年轻星球四周的气体和多灰的圆盘，可能因为这些尘埃已凝固成较大的个体，如行星。布里色诺认为："这些初步的研究结果表明，恒星能在大约 1 000 万年中就形成行星，较以前所想象的快许多。"

日珥奥秘

用 H_α 单色光观测日面,常在太阳边缘处看到明亮突出物,高度可达几十万千米,这就是"日珥"。它们具有不同的形状和运动特性。有的像升起的火焰或喷泉,有的呈拱环状,有的停留在半空,有的则像从高处回落下来的气流。

日珥出现的多少,与黑子的 11 年周期有关。黑子数极大时,日珥总面积也极大,反之亦然。从在日面上的分布来看,一般说来,黑子多的地方日珥也多;但在高纬度处不同,黑子虽少,日珥却较多。

日珥的光谱是明线光谱。由光谱分析知道,日珥的化学组成同光球和色球一样,但其电离度和温度比光球高,日珥的温度在5 000~8 000 K。

日珥的上部是在日冕里,但日珥和日冕的物理性质相差很大,日珥的密度比周围的日冕约大 100 倍,温度不到日冕温度的1/100。有人认为日珥不是日冕物质凝聚而成的,只能由喷发出来的色球物质组成。据计算,全部日冕物质的总量合起来,也不足以构成几个大日珥。

日珥是突出日面边缘的一种太阳活动现象。它们比太阳圆面暗弱得多,在一般情况下被日晕(即地球大气所散射的太阳光)淹没,不能直接看到。因此必须使用太阳分光仪、单色光观测镜等仪器,或者在日全食时才能观测到。在日全食时,太阳的周围镶着一个红色的环圈,上面跳动着鲜红的火舌——日珥。

通过色球镜所拍的照片,可以看到一条条暗黑的条纹,蜿蜒曲折,有粗有细。暗条是日珥投影在太阳面上形成的,当暗条随太阳自转转到太阳边缘时,就可以看出是突出的日珥。

按运动情况,日珥可分为爆发型、宁静型和活动型这样三大类。宁静日珥在观测时间内似乎是不动的,而活动日珥则在不停地变化着。它们从太阳表面喷出来,沿着弧形路线,又慢慢地落回到太阳表面上。有的日珥喷得很快、很高,没有落回日面,而是抛射入宇宙空间。爆发日珥的高度可以达几十万千米。1938 年爆发的日珥,顷刻间上升到 157 万千米的高空。

历史上观测到的日珥记录有:1842 年 7 月 8 日日全食的观测,留下了最早的、明确的日珥观测记录;1860 年 7 月 18 日日全食时拍摄了日珥的照片;

1868 年 8 月 18 日日全食时,拍到日珥的光谱,确定日珥的主要成分是氢,并发现此前未知的波长 5 876 埃的黄线——氦(Helium,源于希腊语 Helios,意即太阳元素)的谱线。

天文学家用分光仪等仪器对日珥的光谱、物态、结构、运动、形成、演变等进行研究,并对日珥进行射电观测。

日冕高温之谜

日全食时,在色球层之外可以看到包围着圆形月影的银白色冕状物,这是日冕。日冕是太阳大气的最外层,由高温、低密度的等离子体组成。无日食时可以用日冕仪观测,日冕仪本身散射光非常小,可以放在空间飞行器上进行大气外观测。

用远紫外和 X 射线拍摄太阳,发现辐射在日冕某些位置急剧下降,为基本无辐射的黯黑区,称为冕洞,成因不详。冕洞引起强太阳风,能改变地球的宇宙环境。光球不发射 X 射线,在 X 光照片上冕洞呈暗黑色。冕洞寿命比黑子长得多,一般约为 5～10 倍太阳自转周。冕洞胀缩速度大致相同,约每秒 1 万多平方千米。

冕洞比较平稳,然而也常突然发生猛烈的抛射。这种瞬时现象非常壮观,在几分钟到几小时内可以抛出上千亿吨物质,抛出物的速度达 500 千米/秒。这种现象的原因以及与太阳活动的关系,现在还难以解释。冕洞及其所在的日冕,还表现出许多令人惊奇而又难以解释的现象,有待科学家研究回答。

日冕光谱中 5 306 埃的绿色线由电离铁原子产生。铁原子核外有 26 个电子,要使其中的 13 个分离出去成为自由电子,需要很大的能量,日冕必须要有 100 多万度的高温才行。在色球层,温度随高度增加而升高,即离热源越远温度越高。这种日冕高温现象长时以来令人迷惑不解。

19 世纪 60 年代,在观测日全食时,日冕光谱中出现几条陌生的光谱线,与任何已知元素都对不上号,这就是氦元素,是氢核聚变的产物。氢核聚变要产生中微子,在地球上每平方厘米面积每秒钟应能接收大约 3.5×10^{12} 个中微子。实际上,探测到的中微子仅是理论值的 1/3,中微子"失踪"意味着中微子理论出现了危机,科学家至今还无法处理。

太阳之谜

太阳物理学是用物理方法研究太阳本质和演化的天体物理学分支。太阳的光和热源源不断地送到地球,维系着地球生命,对人类的进化和发展起着重要的作用。

太阳离地球很近,科学家能够观测到太阳物理结构的细节,提供检验恒星和宇宙的概念基础。太阳的各种物理活动,通过辐射、介质波及高能粒子运动影响着地球和周围空间。人类研究地球、保护地球,不能不考虑太阳的因素。

太阳是银河系一颗普通恒星,从天体物理学角度看,可以采用研究恒星的方法研究太阳,根据太阳的质量、半径、光度、光谱来推算它的表面温度、内部结构、能源机制等。太阳对地球和人类影响最大,因而太阳物理学研究也有特殊之处。利用太阳的强光,可观测表面细节,测出微小的光度变异,求得太阳磁场分布等极为重要的数据。直接感受太阳风的影响,可以获得日冕和行星际物质的珍贵信息。

科学家在 19 世纪末就发现,某些地球物理现象的变异与太阳黑子有关,进入 20 世纪,气候灾变、地球物理现象异常与太阳活动有关的记载日渐增多,证明日地关系很密切。

从中国古代对太阳黑子和日食现象的观测研究,到伽利略用望远镜对太阳黑子的观测,从牛顿用棱镜发现太阳光谱,到 20 世纪初光谱成为揭开天体秘密的有力手段,太阳物理学的形成紧密地与实际相联系。

由于太阳大气的不透明性,人类认识太阳主要靠地面和空间仪器对太阳光球、色球、日冕的观测。对太阳中微子和振荡的观测,是天文学家认识太阳内部结构的重要渠道。

太阳活动对地球电离层影响很大。受太阳紫外线、X 射线、粒子辐射的影响,地球大气分子电离形成 D、E、F 三个电离层,离地面高度分别为 80~100 千米、100~120 千米、150~500 千米。其中 F 层又可分为 F I(150~250 千米)和 F II(250~500)层。太阳活动增强会造成离子浓度增大,使电波吸收增强。在太阳耀斑爆发后,会出现一系列电离层效应。

电离层突然骚扰主要由 110 埃的太阳软 X 射线爆发引起。表现为 D 层电离度急剧增大,引起地球向阳的半球上短波和中波无线电信号立即衰减或完全中断,长波和超长波信号则突然加强。这种突然骚扰有下列几种情况:宇宙噪音突然吸收,天电突然加强,信号突然加强,甚长波突然位相反常等。

未来太阳系天体研究

20 世纪,天文学取得了令人瞩目的进展:建立广义相对论、确认河外星系、辨识类星体、60 年代天文学四大发现、发现红移、确立大爆炸宇宙学主导地位等。20 世纪多项天文学成就获得诺贝尔物理学奖,如发现脉冲星和宇宙微波背景辐射。20 世纪人类还成功地登上月球,将机器人送上火星和其他行星。人类现在更加关心人在宇宙中的位置。

昔日辉煌的俄罗斯"和平"号轨道空间站已于 2001 年陨落太平洋,延伸人类视野的美国"哈勃"空间望远镜正在超期服役。然而,出于探索宇宙的热情和监视地球环境的战略考虑,人类再进太空的积极性丝毫不减,新的轨道空间站和威力更大的空间望远镜将在 21 世纪升空。中国也制定出新世纪航天计划,即将为人类空间探索注入新的活力。人类将重返空间,重登月球。

21 世纪初期,将有众多专门用途的空间探测器升空,如 γ 射线探测器、X 射线探测器、紫外线探测器,人类对宇宙的探测将进入全波段时代。

在阿波罗登月计划过去 30 多年后,新的登月计划已经酝酿完成。深层次月球探索计划包括在月球上寻找水源,建立月球天文台。地球大气层的存在使地面天文观测成为"雾里看花","哈勃太空望远镜"的发射使光学观测大为改观。进一步扩大视野的月球天文台是天文学家梦寐以求的理想。另一项计划是在月球上建立特殊工作站,构筑适合居住的封闭生态系统,作为飞向其他行星的转运站。

随着对宇宙更深入的了解,人类对地球之外的类地球天体产生浓厚的兴趣,开始考虑迁徙到其他星球上居住的问题。火星和土卫六"泰坦"是科学家希望重点观测的对象。

1997 年,"探路者"号在火星表面成功登陆,再次登陆火星已是可计划之事。21 世纪,人类必将登上火星,人类神往而又费解的火星生命、火星水资源之谜,都会彻底解开。

土星有美丽的光环和众多卫星,土卫六是其中最大的一颗卫星,比水星和月球还大。荷兰科学家惠更斯在 1655 年首先观测到它,它是第一颗被确认有大气层的卫星。通过空间探测器上的紫外和红外光谱仪探明,土卫六大气含 82% 的氮、6% 的甲烷、2% 的氩和几种碳氢化合物,大气压力约 1.5 倍地球大气压,并有较明显的四季变化。科学家还确认土卫六上有氮和碳的化合物,多是组成氨基酸和某些生命物质的基本成分。21 世纪,科学家将继续特别关注土卫六。

星座划分之谜

公元前 3000 年左右,美索不达米亚的加尔迪雅人以牧羊为生,他们眺望星辰时,将其与动物联系起来。后来,古希腊人为它们起了名字,即星座名。公元前 2 世纪,托勒密整理出 48 个星座,这些星座在欧洲一直沿用至 15 世纪。其中,北天星座名称多与希腊神话有联系,如大熊、小熊、牧夫、仙女、天琴、天鹅、狮子等。

南天星座是 17 世纪后通过航海家和天文学家的系统观察才逐渐定型的。受近代科学启蒙的影响,南天星座出现了许多科学仪器名称,如显微镜、望远镜、六分仪、圆规、罗盘等。

1928 年,国际天文联合会决定统一将全天划分为 88 个星座:北天 29个,黄道 12 个,南天 47 个,由其中亮星的特殊分布辨认。

各星座的面积和所含星数有很大差别,有的面积大、星数多,如大熊、鲸鱼;有的面积小、星数也少,如圆规、小马等。

恒星的命名采用 1603 年德国人巴耶尔的建议。在每个星座中,按恒星亮度顺序,配上相应的希腊字母,再冠以星座名为亮星命名。例如大犬座 α、英仙座 β。1712 年,英国弗兰斯提德发表了一个星表,每个星座里的恒星都按赤经次序编号。目前各星座里除 24 个亮星按希腊字母命名外,其他星凡在上述星表中的,就采用该星表的编号命名,如天鹅座 61 星、天兔座 17 星等等。

星座的划分使星空显得井然有序。满天繁星按星座统计,视力可见有6 000 多颗。

沿太阳周年视运动,在黄道附近南北各 8°宽范围内有 12 个星座,称为黄道十二宫,每隔 30°为一宫,太阳大约每月通过一宫。每个宫的名字和顺序为:双鱼,白羊,金牛(春);双子,巨蟹,狮子(夏);室女,天秤,天蝎(秋);人马,摩羯,宝瓶(冬)。

中国古代分星空为三垣、四象、二十八宿。三垣是紫微、太微和天市。紫微垣包括北天极附近的天区,太微垣包括室女、后发、狮子等星座的一部分,天市垣包括蛇夫、武仙、巨蛇、天鹰等星座的一部分。二十八宿是为了比较日、月和行星运动而选择的 28 个星宫,位于黄道和白道(月亮在天球上的视运动轨道)附近。二十八宿从角宿,自西向东按次序分为 4 组,分别与 4 个地平方位、4 组动物形象及青、黑、白、红 4 种颜色匹配,称为四象。

最早系统编制的星表是梅西耶星表,它是深空天体观测史上的里程碑,许多最著名的星云仍沿用梅西耶星表的名称。梅西耶星云星团是夜空中最亮的星云星团,用小型望远镜就可以观测到,是业余爱好者的最佳观测目标,也是测试望远镜的最佳对象。

地月天体动力学的奥秘

天体动力学是天体力学的新分支,主要研究人类从地球向空间发射的飞行器的运动规律,因而又称人造天体动力学。

以现在的科学技术水平,人造天体粗分三类:人造地球卫星、月球探测器和行星际飞行器。三类人造天体在运动过程中表现出的力学问题不尽相同,从而分出人造地球卫星动力学、月球火箭动力学和行星际飞行器动力学。

可回收人造地球卫星分为三个不同飞行阶段:发射、轨道飞行和返航。平常所说卫星轨道是指第二阶段。这时,火箭发动机停止工作,卫星以略大于第一宇宙速度的速度进入预定轨道。在地球引力作用下,在近圆形椭圆轨道上绕地球运行。

发射是运载火箭从地面起飞并逐渐加速把卫星送入预定轨道的飞行段。在满足卫星预定轨道要求的前提下,根据火箭动能消耗最小原则确定发射方式。在数学上这属于变分问题。

火箭在飞行中主要受三种力的作用,即地球引力、大气阻力(还有升力)

和喷气推力。相应的火箭的运动方程是一个非线性常微分方程。对它还无法用分析法,只能用数值方法求解,即根据卫星预定轨道的要求,从大量的数值计算结果中确定发射的初始条件和最佳轨道。

当卫星完成任务,高速再入大气层返回地面预定目标时,火箭发动机重新开始工作,并改变喷气方向使卫星减速。从动力学角度来说,受力情况和飞行轨道的求解都同发射段类似,新问题表现在气动热问题以及载人飞船的人体超重问题。

卫星在地球大气层外的近地空间飞行,主要受地球引力的作用,调整卫星姿态的火箭推力和大气阻力相对于地球引力而言只是小量,所涉及的力学问题是典型的天体力学问题。

在卫星入轨和重返大气层的飞行阶段中,火箭推力、大气阻力和地球引力都起作用,是典型的飞行力学问题,与天体力学中计算天体轨道的方法迥然不同。

地球是密度分布不均匀,形状又很不规则的天体,对卫星运动来说,不能把地球看成质点。而且在近地空间有大气阻力、太阳辐射压力(光压)和日、月等天体的作用,这就构成了一个广义的限制性多体问题。

由于地影的存在,光压摄动是不连续的,加上卫星运动很快,轨道变化极其迅速等原因,在计算卫星轨道时不能简单地运用天体力学中的经典方法。因此,应当在天体力学基础上提出实用的且能满足精度要求的轨道计算和摄动计算方法,这就为某些理论问题增添了新的内容。

地球会爆炸吗

爆炸是物体发生剧烈变化的一种形式,物体自身在极短时间内解体,并释放大量的能量。发生爆炸需要具备一些内在条件,仔细分析地球内部结构,就会知道地球并不存在发生这种变化的条件。

人类已知能释放巨大能量的是核反应。原子弹利用放射性物质发生核裂变的链式反应,氢弹则通过氢的核聚变来释放大量能量,在地球上并不存在自然产生这两种核爆炸或核反应的条件。具有放射性的铀、钍等元素在地球上以纯度不高的状态散布,丰度很低。制作原子弹必须利用复杂的手段使其浓缩,经触发才能产生在自然条件下不可能的链式反应。

太阳的辐射能是由核聚变维持的,这种核聚变需要特定的条件。由于太阳大气中氢含量极高,约占71％。太阳的质量很大,是地球的33万倍,其中心压强极高,太阳中心处气体有极高的温度(1.5×10^7 K),太阳气体中的氢通过质子—质子反应和碳氮循环就能使质子聚变成α粒子,释放出巨大的能量。地球上包括其内部都没有与此相适应的天然条件。可见地球并不存在爆炸的任何条件。火山爆发、地震、造山运动等都可以释放巨大的能量,这只是地壳的构造活动,它能部分改变地壳现状,不会造成地球爆炸。地壳构造活动自地壳形成以来就没有停歇,地球并没有发生过爆炸,今后也不会发生。

某些外因可能诱发地球解体,例如质量极大的天体运动到地球附近,巨大的引潮力有可能造成地球破裂。但这与地球爆炸不同,而且目前没有发现任何巨大的天体闯进太阳系,更不用说接近地球了。由于宇宙中巨大天体之间的空间距离相当大,它们相遇并接近的可能性极小。

足够大的天体对地球的碰撞也有可能造成灾难性的后果,但也不会发生地球爆炸。正是受到彗木相撞事件的启示,人们对可能与地球相撞的小行星的关注大为提高。以现有的科学技术水平来看,人们完全有把握像预报彗木相撞事件那样,对行星际空间内天体与地球相撞作出准确预报。只有个别小行星的轨道与地球公转轨道有一定程度的接近,即使是轨道相交,地球和小行星通过该交点的时间不同也不会发生碰撞。如此苛刻的碰撞条件也不是轻易就会出现的,即使出现,天文学家们也能准确作出预报,人类也会设法采取相应的应急措施,人们没有必要杞人忧天。

可见,地球并不存在爆炸或解体的内外部条件,地球不会在最近就走向灭亡,更不会发生爆炸,人类仍然可以在这片乐土上创造更加美好的未来。

地球分层结构之谜

地球上,人和各种生物都有一个出生到死亡的过程。宇宙中万物虽然都是无生命的,也同样要经历诞生、成长、衰老直至消亡的过程。人类及现今知道的一切生命都要依偎在地球的怀抱里生存,这个生命的乐园尽管生命历程很长,却不是亘古不变的。

依据对地震波研究的结论,人类对地球内部结构已有所认识。从地表到地心,地球沿径向大致可以分为地壳、地幔、地核三层。地幔又分三层:上地幔两层(B,C)和下地幔(D)。地核也分三层:外核(E)、过渡层(F)和内核(G)。地壳平均厚度约 35 千米,在中国的青藏高原地区,地壳厚度在 65 千米以上,而海洋底部地壳的平均厚度只有 5~8 千米。

从下地幔直至地表下 2 900 千米处,绝大部分呈固体状态。在长期持续高温、高压条件下,地幔像一种黏性极大的物质。

外地核呈液态,内地核则是固态。地球的这种分层结构是地球长期演化的结果。现在流行的看法是地球起源于 46 亿年前的原始太阳星云。经过微尘的集聚、碰撞和挤压使其内部变热,以后则是放射性物质的衰变使地球内部进一步升温。

约在 40~45 亿年前当温度上升到铁的熔点时,大量融化的铁向地心沉降,并以热的方式释放重力能。大量的热使地球内部熔化并发生改变,逐步形成分层结构,其中心是致密的铁核,熔点低的较轻物质则浮在表面,经冷却形成地壳。这种分异作用一开始就可能导致气体逸出,形成大气圈和海洋,经过数亿年的演化呈现出现在的面貌。

地球自形成以来就始终处于不断地变化和运动之中,并保持着动力学上的平衡状态。即使在演变过程中释放出难以想象的巨大能量,也没有发生过爆炸,在其内部结构已相对稳定的今天,就更不可能发生爆炸了。

月球的形成与运动

月球演化同地月系统演化有关,地月系统的演化同行星－卫星系统的形成有关。月球的形成是其重要问题之一。一般认为,太阳系中行星－卫星系统的形成与太阳－行星系统的形成在机制上大体相同。月球起源学说主要有地球分裂说、地球俘获说、共同形成说和撞击说等。

地球分裂说认为,在太阳系形成初期,地球和月球是处于熔融状态的整体,自转很快,由于太阳对地球强大起潮力,在地球赤道面附近形成一串细长的膨胀体,终于分裂形成月球。19 世纪末,乔治·达尔文研究了地月系统的潮汐演化,认为月球是从地球分离出去的,太平洋盆地就是月球脱离地球造成的,太平洋地壳缺失硅铝层,使地壳的硅镁层暴露出来。

月球可能是在地球轨道附近绕太阳运行的小行星被地球俘获而成为地

球的卫星,这是俘获说。证据主要是月球的平均密度只有 3.34 克/厘米^3,与陨星、小行星的平均密度十分接近。支持者认为,月球轨道显著偏离地球赤道面,而比较接近各行星绕太阳运行的公转平面。有人认为这个俘获事件开始于 35 亿年前,俘获过程经历 5 亿年。月球被地球俘获后,受地球潮汐力作用,喷出大量岩浆,形成月海玄武岩。

共同形成说认为,地球和月球由同一块原始尘埃云形成,平均密度和化学成分不同是由于原始星云中的金属粒子在形成行星之前早已凝聚。铁作为主要成分形成地球核心,月球是在地球形成后,由残存在地球周围的非金属物质凝聚而成。地球的演化史不会短于月球的演化史,月球表面没有大量的硅铝质岩石,是否定分裂说的证据。对阿波罗 11 号带回的月球岩石样品分析表明,月球玄武岩的元素丰度接近于地球,氧同位素的组成也没有区别。

大碰撞假说认为,地球被另一个小星体碰撞后,碰撞的能造成熔化的泥浆状态,铁镍等重金属沉到地球中心,形成地核。较轻的硅酸盐形成了地壳和地幔。月球上有很多碰撞天体的地幔物质,月球平均密度 3.34 克/厘米^3,地球平均密度 5.5 克/厘米^3。地幔的密度为 3.3 克/厘米^3。所以从地幔中间物质来考虑月球的诞生是合乎逻辑的,也可以从模拟试验中得到证实。

月球表面上古老的高地构造特征,证明月球在 38～41 亿年前曾遭受强烈的陨击作用,对地球来说也可能如此。在整个天文演化期内,地月系可能发生的巨大撞击与俘获,对地月系的运动状态和本身结构会造成重大影响。

阿波罗计划实现之后,有关月球起源的假说突显许多矛盾和缺陷。从天体力学角度来看,俘获说站不住脚。从月球上发现 6 种地球上没有的矿物来看,分裂说也不能自圆其说。阿波罗 11 号飞船带回的月面土壤标本,其长达 46 亿年的历史与太阳系年龄相当,而地球上发现的最古老的岩石的历史不超过 39 亿年。看来,月球早于地球形成是无可争议的。

月球固体潮汐之谜

月球真正的暗面公布以后,关于月球的鲜为人知的事实让人震惊。

地球上的潮汐现象主要由月球引起。月球绕地球旋转,地球海洋受月球引力牵引,面对月球的那一面就出现高潮。同时,因为月球对地球本身的引力牵引作用大于对其水体的作用,地球上远离月球的另一面也出现高潮。在满月和新月时,太阳、月球和地球在一条线上,这时就形成朔望大潮。这些潮汐作用减缓了地球自转,地球自转周期每 100 年要减慢 1.5 毫秒,地球的自转能量被月球一点点地"偷"走。

月球每年从地球上吸取的自转能量,使自己在轨道上向外偏离 3.8 厘米。在当月球形成之初,它与地球的距离仅为 22 530 千米,而现在的距离已经拉大到了 380 000 千米,随着时间的推移,月球会走得越来越远。

月球不是正球形,它的形状更像鸡蛋。在夜空中所看到的月球,正是以鸡蛋形的两个尖端之一对着地球。月球的质量中心偏离几何中心大约两千米。

月球或许不是地球唯一的天然卫星。1999 年,科学家发现,被地球引力控制的还有一颗小行星克鲁特尼,其长度有 8 千米。它以悬吊在地球外围的状态沿马蹄形轨道运动,绕地球一周约需 770 年,它这样运动至少还能保持 5 000 年。

月球表面遍布坑坑注注的环形山,是在距今 38 亿到 41 亿年前受宇宙中岩石的强烈撞击而形成的。月球地质活动不活跃,几乎没有大气,因而这些环形山几乎没有受到侵蚀,

月球最初自转较快,由于地球的引力作用(固体潮),月球自转逐渐减慢。当月球的自转周期慢到和它的轨道周期相吻合时,这种引力作用达到平衡,从此就总是以一面朝着地球。太阳系其他行星周围的卫星也有相似的特点。

近地小行星的潜在危险

1994 年 7 月 17～22 日,全世界都注视着苏梅克—利维 9 号彗星撞击木星这一千载难逢的天文现象。彗星破碎成的 21 块彗核鱼贯而行,在 6 天时间内先后撞击木星,速度高达 21 万千米/小时。碎片撞击时产生多个火球,形成的蘑菇云直冲 1 000 千米以上的高空,并引起了强烈的射电爆发。事后在木星表面上留下了累累伤痕,有的创面直径达数万千米。估计这次碰撞释放出来的总能量相当于 40 万亿吨 TNT 爆炸所产生的能量,瞬间产生的

高温接近 3 万摄氏度。

苏梅克—利维 9 号彗星撞击木星事件警示：小行星或彗星撞击地球事件并非不可能发生。如何预防近地天体撞击地球成了国际科学界高度关注的问题。

2001 年 12 月，天文学家通过近地小行星观测望远镜发现一颗直径为 300 米的小行星，这颗代号为 2001YB5 的"游星"距离地球最近时还不到月球与地球之间距离的两倍，可以说与地球"擦肩而过"。它每隔 1 321 天围绕太阳飞行一周，所以不排除未来与地球再次相遇的可能性。天文学家称这颗小行星"具有对地球造成破坏的潜力"，一旦与地球相撞，人类几乎没有时间做出任何反应或采取因应措施。

如果这颗小行星撞向地球陆地，被撞点 160 千米以内的区域将完全毁灭，800 千米以内的区域将遭到严重破坏。如果撞到海洋中，引起的海啸将在更大区域内造成破坏。

但是人类也没有必要为这种可能事件而紧张。国内外一些天文学家对已发现的小行星运行轨道大都做过计算，这些已知的小行星在相当长的时间里不会撞击地球。然而，对这件事也不能掉以轻心。目前，天体中已发现地球附近有 100 多颗小行星在运行着，但还有一些尚未发现的小行星，它们构成了对地球撞击的潜在危险。因此，必须密切注视近地天体的变化情况。目前，不少国家都已经加强了对近地天体的观测，每天晚上，世界各地共有几十座天文观测台站在仔细搜寻来自太空的任何危险物体。

中国科学院紫金山天文台正在建造一架天体探测望远镜，配备一台口径为 1.2 米的近地望远镜，搜索有可能接近地球的彗星和小行星，并计算出它们的精确轨道，以确定它们是否会对地球构成威胁。建成以后，这架望远镜可以对近地天体进行连续的搜索观测，用以发现和监测对地球构成潜在威胁的近地天体。

如何应对近地小行星

2001 年 12 月 16 日，小行星 1998 WT24 从地球附近掠过，最近距离大约为地月距离的 5 倍。没有碰撞危险，但天文学家仍然用雷达和望远镜严密监视着这颗近地小行星。

科学家用 NASA 位于莫哈韦沙漠的行星际探测雷达和著名的阿雷西伯射电望远镜监视这一小行星。同时还将给出该小行星的三维形状图。对各种小行星的形状之观测给出了各种各样的形状,其中有些是双星系统,有的甚至像狗骨。要摧毁这些近地小行星或使其偏转,就需要研究这些天体的结构。

观测到离地球这么近的小行星并不罕见,1998 WT24 亮度曾经达 9 等,稍大的望远镜可以观测到。目前只有两颗在 2027 年前可亮于 10 等的近地小行星,另一颗是 4179Toutatis,2004 年接近地球时达 8.9 等,时值满月,观测反而困难。

小行星 1998WT24 和 Toutatis 都对地球构成潜在危险(简称 PHA)。当一个小行星距离地球小于 0.05 天文单位并且其尺度大于数百米时,就可以称为 PHA。到 2001 年底,已经发现 354 颗 PHA,当读者读到这里时,这个数目又会增大。

很幸运,已知的 PHA 还没有对地球构成直接危险的天体。受大行星引力作用,PHA 很容易改变运行轨道,从而可能在将来进入撞击地球的轨道。实际上,1998WT24 的轨道在其与大行星相遇时多次发生过改变,它的远日点仅为 1.02 天文单位,近日点则闯入到水星轨道内。在它 222 天的绕日运行周期内,将陆续与水星、金星和地球相遇,每次近距离相遇都可能导致轨道的改变,这正是需要时刻对它保持警惕的原因。

1998WT24 之所以引人注目,还因为它的轨道远日点与地球很接近,使它成为空间计划探测的又一个理想目标。天体的轨道与地球越接近,就越容易用较少的燃料消耗接近它。

生命存在的意义

生命的最小单元是细胞,人体约有 10^{16} 个细胞,平均尺度 10 微米。生命通过蛋白质表现出来,所有生物的细胞都由蛋白质和核酸组成。蛋白质是多种氨基酸的组合体;核酸有脱氧核糖核酸(DNA)和核糖核酸(RNA)两类。DNA 接受和储存遗传信息,RNA 按照 DNA 的信息选择细胞里的氨基酸合成蛋白质。核酸负责自我复制,蛋白质的活动则充分体现了自我更新。DNA 和 RNA 又是由数千乃至数百万个核苷酸连接而成。氨基酸和核苷酸都是大的有机分子,主要组成元素按原子个数排序是 H、O、C,按质量列序是 O、C、H。四种核苷酸和 20 种氨基酸分别是所有生命组成遗传载体 DNA 分子和蛋白质的基本成分。假设蛋白质平均含 100 个氨基酸,就会有 $20^{100}=1.26\times10^{130}$ 种组合花样。即使每种只合成一个分子量为 10 000(有些蛋白质分子量高达几百万)的分子,总质量也要达到 10^{104} 吨,是太阳系总质量的 10^{77} 倍,地球质量的 10^{83} 倍。

当今对生命本质问题的研究,认为原始形成分三个阶段:

(1)由无机物合成简单碳化物,在水和酸的作用下经氧化形成烷、醚、醛等有机物;

(2)大量简单有机物随雨水入原始海洋中,长期积累达到一定的浓度而生成复杂的大分子结构——氨基酸和核苷酸;

(3)氨基酸和核苷酸合成蛋白质和核酸,原始生命出现。

能自我复制的原始生命由非细胞形态到细胞形态,由原核细胞到真核细胞,由异养型生物到自养型生物,由单细胞到多细胞,由无性繁殖到有性生殖,由简单到复杂,由水生到陆生,由低级到高级。这就是地球上形形色色生物的演化过程。

地球生命诞生奥秘

生命的起源问题还没有完全解决。17 世纪以前,人们相信亚里士多德的"自然发生论",认为在大自然的土、水、气、火四种要素中存在一种生命力,能使无生命物质成为生命物质。19 世纪中叶著名的巴斯德实验有力地否定了怪诞说法,绝大多数生物学家转而相信"生物起源论",即生物必须要由有生命的东西产生。但最初的生命的发生却成为悬案。有一种"地球外输入论",认为地球生命是由地球以外的物质传播而来。即使如此,仍然没有解决宇宙中的生命从何而来这个问题。

地球是现在人类智力所知唯一的生命摇篮,繁衍生息着形态和结构各异的生物,是因为地球上有适宜生物生存的环境条件。来自恒星的适量的辐射能,行星适当的自转和公转,富含氧气并能提供防护的大气层、适宜的温度、气压和重力、水的存在和循环……构成了生命存在必需的物理环境。

地球上生命能耐受的温度的极限是 $-200\sim100℃$,而使生物具有生命活力的温度范围是 0～50℃。压力的极限是 100 兆帕。宇航活动表明,生物可以适应无重力的环境,但行星重力太小就会失去大气和水,对生命构成威胁。水是生命之源,水、有机分子、无机离子是组成原始生命的三大要素。起源于海洋中的生命携带着海水环境,生命才有可能移居到陆地。人的身体中仍具有与原始海洋十分近似的离子成分。

水还具有一种对生命繁衍特别重要的物理性质:在摄氏 4℃ 与 0℃ 之间膨胀系数是负值,即热缩冷胀,使结成的冰比水轻而浮于表面。冰层结到一定厚度能阻挡热传导,使冰层下的水不致继续冻结,从而保持水中生命的生存环境。

生物的生存环境除物理环境外还有生物环境,是由包括它自身在内的一些有机体组成的。生物环境影响局部的物理环境,物理环境又反过来影响生物的生物环境和演化。

探索地球外文明的意义

人类自童年开始就在琢磨地球以外有没有生命的问题:在围绕着数不清的恒星旋转的无数行星上,是否也有生命? 在浩瀚无际的宇宙有多少星球上繁延着生命? 那里的生命同人类一样,还是迥然不同? 它们是由什么物质构成的?

一个世纪以来,不明飞行物(UFO)与外星人活动的话题不时出现于科幻小说、宣传媒介,成为世界性的热门话题。许多人宁肯将 UFO 与外星人的宇宙飞船混为一谈,使得 UFO 几乎成了地外文明的代名词。

人是好奇心极强的智慧生物,人类的好奇心和求知欲,是科学得以发展的重要动因之一,探索地球外文明自然也不例外。人类对地球之外的智慧生物、地球之外的文明世界充满着敬畏和想象,尝试着各种探索。无论在科学上还是在哲学上,这种探索都充满了浓重的神秘色彩。

人类为了不断扩展视野,洞察自然的奥妙、法则和演化,必然要提出生命来源和演化的问题。今天,探索地球外文明不仅是天文学、生物学、空间科学和众多技术领域的交会点,对人类创造并安排美好的未来也具有不可低估的潜在意义。

对地球外文明的探索显示了自然科学与社会科学的相互渗透,未来社会的人际关系、人口、能源、战争与和平,特别是核战争问题,都是探讨地球外文明时必须考虑的因素。

对地球外文明发出信息的破译,涉及人类对客观世界的认识能力。地外文明向外界发出信息的表述方法应该是可以认识的,由此可为认识论提供新的素材和例证。

无论地球外文明是广泛存在还是小概率事件,探索地球外文明都将有助于深刻地认识人类自身在宇宙中的地位。

人们在探索地球外文明的过程中所表现出来的强烈欲望,体现了科学精神与思辨艺术的完美结合,也体现了与历史上中世纪的宗教意识、稍后期的先验哲学的根本区别。

坚持不懈地搜索地球外文明将为人类发展提供历史连续感,并有助于人类赢得更美好的未来。人类应该考虑得更深远,寻找地球外文明并与之对话,可能成为这类长远计划的参照。

人们在凝视星空时常有沉思冥想:是否还有其他能够思维和赞赏宇宙奥妙的生物呢? 在空间和时间跨度都超越人类一般理解力的宇宙中我们显得过于孤独,从最深刻的意义上来看,探索地球外智慧生物,也就是在探索我们自己究竟是谁。

太阳活动影响地球环境

在科学范畴内,日地关系是日地物理的俗称。日地关系的主要研究内容,不是宁静太阳对地球的作用,而是太阳活动对地球的影响。早在 1801 年,威廉·赫歇耳就提出降雨量与黑子之间存在相关性,后经几代科学家对日地关系的研究,日地关系如今已经成为一门生机勃勃的边缘科学,吸引着太阳物理、空间物理、地球物理等科学工作者投身于这项研究。

太阳黑子活动有 11 年周期,受太阳活动制约,地球磁场也呈现 11 年周期变化。地磁场短期变化形式是多种多样的,最强烈的变化是磁暴,平均每年发生 10 次左右,强度变化达千分之几到百分之几高斯,持续几小时到几天。地磁暴往往发生在太阳活动较剧烈的时候,与太阳大耀斑的出现有密切关系。耀斑出现时,太阳向外发射电子、质子、α 粒子等高能粒子,因而引起地磁场的变化。

磁暴发生时还伴有极光现象。极光多见于高磁纬地区,天空中摇曳着五光十色,变幻不定的光带,每次持续时间从几分钟到几小时不等。

在离地面 80～500 千米的范围内,因太阳紫外线和 X 射线的作用使大气有较大程度的电离,形成电离层。电离层密度呈明显非线性,密度大的分别以 D、E、F1 和 F2 分层表示。在太阳辐射影响下,各层电子浓度和高度随时间和季节变化。夜间 D 层和 F1 层几乎完全消失。

1859 年 9 月 1 日卡林顿首次观测到耀斑,地磁观测记录下强烈的地磁扰动,18 小时后发生强烈持久的地磁爆,电报中断。当天夜间,欧洲上空出现绚丽多姿的极光。

太阳耀斑爆发时,强烈的 X 射线、紫外线和射电波伴随着大量的带电粒子一起涌向地球,不仅骚扰地球的电离层,引起地球磁暴,扰乱通讯,影响人造卫星的正常运行,而且还对地球有直接的或潜在的影响。

太阳活动对天气和气候有影响,由于影响地球天气和气候的因素复杂,受太阳活动影响的规律还揭示不够充分,提出合理的机制还存在不少困难。

太阳活动对地震的影响,是因为太阳活动能够影响地球自转、地球磁场和地球大气,地震与这些因素有关。尤其是大磁暴发生时,在地壳内会产生相应的电流,电流可能使岩石加热而降低强度,从而促成地震发生。我国的地震工作者和天文工作者都曾试用研究磁暴来预报地震,取得过一些成功。

生命的含义与特征

日常生活中,人们容易区分生物与非生物,但是科学地回答什么是生命的问题的确很难,至今没有为多数科学家接受的生命的定义。不过,随着生命科学的发展,对生命现象的了解,可以试着在今天认识的水平上给出某种概括和归纳。

根据生物分类学家的研究,1962 年确定了五界分类系统。生活在地球上已经确知的生物种类约 170 万种(按照“2000 年系统学议程”,系统生物学家已经描述的生物种类不足 150 万种),动物近 120 万种,植物近 50 万种,真菌 4.5 万种,其余为原核生物和原生生物。考虑更多物种没有被发现,估计总数超过 1 000 万种。现代分子生物学已在分子水平上揭示,如此纷繁的生命世界,其基本结构和基础生命方面却有高度一致性。生命的基本特征有七条。

（1）构成生物的化学元素和生物大分子化学成分上有很大的同一性，这些化学元素包括 C、H、O、N、P、S、Ca 等。

（2）生命在结构和生命活动方面都表现出严密的组织和秩序。生命基本秩序的崩解就是生物或生命系统的死亡。

（3）生物具有新陈代谢现象，即不断地与外界进行物质和能量交换，也即生命是所谓耗散系统、更是开放系统。

（4）生物在新陈代谢中不断地扩展自己，表现出生长的特性。

（5）所有生物都有产生后代、延续繁殖的能力。

（6）生物对环境有应变能力，并依此得以生存。

（7）历史上，生物表现出明确的不断演变和进化的趋势。

简单地说，运动不是根本特征，生命的最根本特征只有两条：即自我复制（繁殖）和自我更新（新陈代谢）的能力。

星际有机分子

星际分子是指空间中的无机分子和有机分子，发现星际有机分子是 20 世纪 60 年代射电天文学的四大发现之一。

20 世纪 30 年代，美国科学家先后发现了三种星际分子。

20 世纪 50 年代，美国物理学家汤斯研究激光原理时指出，宇宙空间的物理条件能使某些分子在红外和射电波段产生"脉塞"现象。

20 世纪 60 年代，在天文观测中发现遥远的星际物质中存在有机分子谱线。

此后，陆续发现大量星际有机分子，少数分子在地球上很难找到或者根本找不到。星际分子的发现有助于人类深入了解星云特性，帮助揭开生命起源的奥秘。

1973 年以来，红外观测发现了宇宙尘埃表面的多环芳香族碳氢化合物，如 $C_{16}H_{12}$、$C_{24}H_{12}$ 等。近年来还在晚型恒星的星周包层中检测到多种碳链分子，包括"布基球"C_{60}。这表明宇宙中由无机物形成有机物的化学演化早已完成。这种演化为形成生物大分子结构和生物演化准备了充足的物质基础。

目前,科学家发现的最复杂分子是包含 11 个原子的 HC_9N 和 13 个原子的 $HC_{11}N$ 分子。

星际有机分子的发现向科学家提供了天体演化的许多细节,有力地促进了人类对天体演化的研究和探索,为生命起源研究提供了重要线索。

射电望远镜提供了地球外存在有机分子的间接证据,而宇宙使者——陨石则送来地球外存在有机物的直接证据。1969 年 9 月 28 日,一块碳质球粒陨石陨落在澳大利亚马奇逊地区,在严格隔绝污染的条件下,这块陨石被送到美国宇航局精心准备的除尘实验室。1970 年,生化学家波南佩鲁马首先报告,他测出 5 种没有光学活性的氨基酸,与地球上氨基酸不一样。2001 年年底,中国科学家也探索到一些空间有机分子的谱线。

星际有机分子的发现、陨石中有机物的分析以及对彗星中有机分子的观测表明,生命前的化学进化不仅发生在地球上,而且也发生在太阳系内和更广阔的宇宙空间。

生命起源是自然科学永恒的前沿主题之一,空间科学着眼于研究地球外的生命起源问题,观测到的分子大部分是有机分子,它们是形成生命的基元。但是,在宇宙中如何从星际有机分子演化到生命物质,还是一个远未解决的课题。

地外生命之谜

探讨生命和文明在地球之外是否存在的科学问题,需要依据地球文明社会长期积累的科学知识和推理方法为依据,并接受科学实验或观测事实的检验。

生命是物质的,构成地球上生物体的材料同宇宙的构成材料都是同样的,物质、能量、信息交换的机理和方式在宇宙各处也一致。如果地球外存在生命,其构成材料、结构方式、生存条件也应与此一致。承认宇宙的物质性及规律的统一性是一切科学研究的前提。很难设想"外星人"可以不遵守科学规律而生存。失去前提就不是科学,就无法讨论问题,同神创论、邪教等不是科学一样,只会得到谬误的结论。

地球之外存在文明的科学依据是什么呢?

20 世纪 60 年代发现遥远的星际物质中存在有机分子谱线。第一条微

波分子谱线(OH)是 1963 年在仙后 α 中找到的,以后又陆续找到星际氨分子
(NH_3)和水分子(H_2O)的谱线。至 1990 年底总数已近 100 种,其中大多数
是由 H、O、C、N、S 等被称为生命元素组成的有机分子,甚至包括一些地球
上未见过的奇异分子。1973 年以来,红外观测发现了宇宙尘埃表面的多环
芳香族碳氢化合物。近年来还在晚型恒星的星周包层中检测到多种碳链分
子,包括化学家发现的被称为"足球碳"或"布基球"的 C_{60}。

　　1969 年 9 月 28 日陨落在澳大利亚的麦其逊陨石,经气相色谱分析测
定,发现了 11 种以上的氨基酸,并且肯定不是源于地球物质的污染。尽管陨
石的来历还难以判断,但至少表明,在地球以外的环境中确实存在生命的前
期物质——氨基酸大分子。

　　在有生命存在的行星上,温度和气压应当允许存在液态水。满足这个
条件的行星,距离恒星要适中,自转、质量、大气成分和密度都要满足一定要
求。此外还要求行星表面物理环境有足够长的缓慢历程。乐观估计,拥有
具备生命存在条件的行星的这类恒星在银河系中占 1‰,总数约 10 亿～20
亿颗,能够达到互通信息的文明在银河系中不会超过 50 万个。想想地球上
异国文化和古今文化相互通译的困难,不难意识到宇宙文明之间信息交流
的艰难。

探索地外文明

　　人类对自身秘密还不能全面释读,却已经开始关注宇宙空间的旅行和
地球之外的文明。

　　直到 21 世纪初,人类能做到的宇宙航行仅限于太阳系范围内的行星际
航行。目前正在向太阳系边缘飞行的几个宇航器,如旅行者 2 号,已经渐渐
失去控制,基本上在以惯性运动。

　　星际航行的轨道取决于飞行器的速度。如果速度超过第三宇宙速度
(地球轨道附近为 16.6 千米/秒),飞行器便可以离开太阳系进入恒星际空
间。由于速度有限,即使沿着最佳设计轨道飞行,到达最近的恒星也需要数
万年。要提高速度,必须不断加速,没有足够的燃料,就不可能长期加速。
以目前人类所掌握的科学技术水平,还不能预见恒星际航行的任何可能性。

　　整个银河系约有 1 000 多亿颗恒星,生命只能存在于一部分恒星周围的

具备近乎苛刻的条件的行星上。对太阳系外的行星探测还没有任何十分肯定的结果。

人类探测行星实际采用的是三种间接方法。一是记录分析恒星的周期性微小运动,分析恒星运动数据即可推知行星质量和轨道。天狼伴星就是用这种方法发现的。另一种方法类似于分光双星研究。依据光谱多普勒效应,寻找恒星受行星系统摄动产生的微小视向运动而发现行星。天狼伴星和分光双星都是恒星,质量足够大,而行星的质量要小得多,摄动效应也小得多,因而观测难度要大得多。第三种方法是测量恒星亮度的微小变化。当运动行星遮掩恒星的一部分辐射时,亮度会有所减弱,用高灵敏度测光技术测量减弱的周期和幅度,可以推测行星系统的情况。

三种方法都有很大难度,因而目前还没有获得一例真正肯定的成果。人们寄希望于哈勃望远镜、计划中的红外望远镜(SIRTF)以及世纪之交建造的一批10米级光学望远镜和其他新技术手段,也许不远的将来会获得期待已久的成功。

探测太阳以外文明是否存在,较直接的手段是电磁波通讯联络。地球文明发射的电磁波已到达几十光年以外,此范围内存在的文明世界应当有能力与地球文明世界交换此类信号。遗憾的是这种方法犹如大海捞针,至今也是一无所获。

在未来较长历史时期内,人类难以进行真正的星际空间旅行。要突破这个障碍,从科学技术角度看,需要将航天器速度提高到接近于光速,同时要延长航天器中的人的存续时间。

面对浩瀚的宇宙,要想实现真正的文明探索,人类现有的科学技术水平还难有作为。

五、地球的衣被——植物之谜

什么是植物学

简单地说,植物学就是研究植物生命的科学。稍详细点说,植物学是研究植物的形态、结构、生理、分类、遗传和变异、进化、生态等问题的科学。

研究植物学的目的,是阐明在人和自然环境的影响下植物的生长、发育规律,以利于控制和改造植物,满足人民生活的需求。根据研究对象的不同,植物学有许多分支学科,如植物形态学、植物分类学、植物解剖学、植物生态学、植物生理学、植物胚胎学等。

公元前 323 年,亚里士多德的学生、希腊著名学者切弗拉斯图斯(Theophrastus 公元前 370～前 285)撰写了数百篇关于植物的论文手稿,被誉为西方植物学之父。中国的贾思勰、李时珍等人对植物也作过详细的描述。李时珍在《本草纲目》一书中曾描述了 1 096 种植物,并作了分类,为植物学的发展做出了重要贡献。

早期的植物学研究偏重于植物的形态和分类,近代植物学的研究逐步向宏观和微观两个方面发展,即从植物个体水平分别向群体和细胞、分子水平去认识植物生命的发生和发展规律。根据研究的对象不同,植物学可分为植物分类学、植物形态学、植物解剖学、植物生态学、植物地理学、植物细胞学、植物化学等。植物学与人类生活的关系十分密切。人类的粮食、油料、蔬菜、水果等来源于植物。许多工业部门如纺织、造纸、制药、酿造、烟草、食品加工等工业也以植物作原料。药用植物在人类的疾病防治中也起着重要作用。但许多寄生植物、农田杂草等会给农业生产造成很大危害。

由于环境污染和人类对森林的乱砍滥伐,生态平衡正在遭受破坏,不少植物的种正在消失,因此研究植物与环境的关系、保护植物资源,已成为植物科学工作者十分紧迫的任务。近年来,随着植物基因工程的兴起,新的植物育种方法正在不断出现,新的植物品种正在不断地被培育出来,从而使植物学的发展进入了一个新的阶段。

植物何以是人类的朋友

绿色植物依靠细胞中的叶绿体吸收太阳光的能量、把简单的无机物水和二氧化碳合成为有机物,同时释放出氧气。人们将绝大多数绿色植物所具备的这种本领称为光合作用。有人通过计算得出,现在地球上的绿色植物,每年通过光合作用能产生 1 000 多亿吨的氧气。这些氧气是平衡地球大气构成并供应各种生物生存的基本成分。

在绿色植物进行光合作用的同时,植物界一些非绿色植物(如细菌、真菌)也在施展着另一奇特的本领:把有机物分解成为无机物,重新提供给绿色植物利用。

正是由于植物的这些奇特本领,构成了大自然中物质与能量的反复循环和动态平衡,成为维系自然界特别的源泉。也正由于此,人类及各种生物赖以生存的地球才是一个绚丽多彩、生机勃勃的星球。

从神秘莫测的热带雨林,到冰封遍野万里的高山极地苔原;从绵延起伏的高山峡谷,到一望无际的湖泊海洋;无论是极端的严酷环境里,还是阳光灿烂、雨水充沛的富饶土壤中,到处都有绿色植物的踪迹。绿色植物不仅为人类和各种动物供应着丰富的食物和充足的氧气,也为人类净化、改造和美化着生存环境。植物是人类最依恋的物种,是人类的可靠朋友,保护植物就是保护人类自己。

植物界是一个庞大和复杂的家族,地球上现存已知的植物种类有 40 多万种,有单细胞菌类、藻类植物,也有高不及尺的路边杂草和苍劲挺拔的大树。这其中,与人类关系最密切的是常见的农作物和阔叶林木等被子植物,或称有花植物。它们最早出现在距今 1.35 亿年的早白垩纪时代,因为被子植物对环境的适应能力极强,发展到现在已是种类繁多、分布极广的植物。作为最主要的植物种类,被子植物在数量上多达 20 万~25 万种,占据了全部植物种类的一半,在地球的每个角落里几乎都可以见到被子植物的踪迹。因此,被子植物已经成为植物世家中进化程度最高、生命活力最为强势的植物种类。

人类在地球上进化并成为特殊的动物成员的过程中,与植物结下了不解之缘。人类的演化成长史,就是利用植物并改造植物的历史。从漫山遍野捡拾野果充饥到农作物的栽培与农产品的加工利用,从钻木取火到地下煤炭、石油的开采,从用树叶兽皮蔽体御寒到穿着华丽的服装表演,从栖居洞穴到现代楼房的建造……都离不开植物,植物的贡献体现在人类的各种生存活动和文明行为之中。

植物的多样性

在万物峥嵘、百花吐艳的季节,当我们步入山林原野或峡谷深壑中去探索大自然的奥秘时,不能不感到展现在面前的形形色色、千姿百态的生物体,个个都似跳动的音符,浑然组成一部美妙和谐的生命交响曲。

我们一同来看看两处沙漠地区的不同的标志性植物。

在美国加利福尼亚莫哈维沙漠中有一种约书亚树,是一种古老而典型的植物,生长非常缓慢,在莫哈维高原的贫瘠土地上大约每年长高约1.2厘米。但它实际上不属于树科,它是属于百合科的一种丝兰植物,属于被子植物门的单子叶植物纲。约书亚树之名乃由摩门教拓荒者所取,因它们的枝丫向上伸长,远观俨然为一株株"祈祷的树",生长旺季是2月至4月。

美国政府专门设立了约书亚树国家公园,它实际上位于两大沙漠交界部分,包含了两大生态系统。公园东部的科罗拉多沙漠范围在海拔1 000米以下,在这大自然的花园里长满了木馏油灌木,墨西哥刺木和多刺仙人掌。公园西部更高、更潮湿,并且稍微凉爽一点点的莫哈维沙漠,是约书亚树的特殊产地。

猴面包树(图5-1),又名波巴布树,生长在非洲东部和北部的热带草原上,具有较强的耐旱本领。在植物分类学上,猴面包树属绵葵目木棉科,高10多米,周长有20多米。它是植物王国的老寿星,树龄达4 000~6 000年。

图 5-1　猴面包树

　　它的树权千奇百怪,整棵树显得比例极不协调:树干极粗壮,酷似树根,又像一个大肚啤酒桶。远远看去,猴面包树就像草原上的一幢幢房子。这种树的果实又圆又长,很像黄瓜,吃起来味道并不好,但猴子却特别爱吃,猴面包树的名称就是这样来的。

　　猴面包树长得这么粗壮是和它的生长环境有关的。它喜欢生长在非洲的热带沙漠中,那儿一年中有 8 至 9 个月干旱无雨,为了度过这段艰难的日子,猴面包树的大肚子树干就成了一个"贮水库",在雨季时装上满满一肚子水,然后很快开花结果,到了干旱季节它落光身上的全部叶片,肚子中的大量水分足够享用喝一段时间了。

　　据科学家估计,今天地球上生存着几百万乃至上千万种生物。如此繁多的物种,是生命起源后经过 30 多亿年的发展、演化的结果。恰如一株从一粒小小的种子萌芽、生长、发育而成的常青树,其枝干越向上生长则分枝越多、叶片也越发繁盛。面对如此庞大、复杂的生命现象,科学家要想弄清其中的关系和脉络,首先就要根据这些物种在发展演化过程中结成的亲缘关系,将它们分门别类、各归其属,进而才有可能深入地研究、利用乃至改造生物。

　　研究植物的多样性,就是通过对植物界一些主要类群的分类地位、分布、代表种类以及与人类的关系等的初步介绍,将绚丽多彩的生命世界的内在联系有序地展现在人们的面前,使贯穿整个植物界恢弘美妙的生命交响乐的主旋律更加清晰、动人。

植物分类之谜

植物分类,是根据植物的形态、构造以及其他特征的异同对植物进行类群划分。

生物分类对于认识生物间的亲缘关系和识别生物具有重要意义,是调查生物资源、利用有益生物和控制、消灭有害生物的前提。因此生物分类在工农医和环境保护等方面有着广泛的应用。

在自然界看到一种陌生植物需要认识时,首先要确定它所在的大的自然类群,然后逐级缩小它所在的单位的级别。比如在邮寄一件邮件时,应在邮件封皮上依次写清楚收件人所在地的各级地址名称一样,科学家经过长期的考察和研究,已经建立起较为完善的包括植物在内的生物的自然分类系统。在生物分类系统中,最大的单位称为"界",如读者所熟知的植物界、动物界,以下依次为门、纲、目、科、属、种,共七个基本分类层次。这七个分类层次由种到界逐级扩大,也就是由一个至若干个亲缘关系密切的种构成高一级的属,再由一个至若干个相近的属组成更高一级的科……最后,由若干个门组成界。把分类层次按照从属关系由小到大逐级升高的方式排列起来,就形成了阶梯式的分类阶层系统。

在自然分类系统中,每种生物都可以在分类阶层系统中找出它的分类地位及其从属关系。例如蒲公英的分类地位为:

植物界——被子植物(木兰植物门)——双子叶植物纲(木兰纲)——菊目——菊科——蒲公英属——蒲公英(种)

小球藻的分类地位为:

植物界——绿藻门——绿藻纲——绿球藻目——小球藻科——小球藻属——小球藻(种)

生物的种类繁多,现在已知的生存在地球上的生物约有数百万种。因此,人类早就开始对生物进行分类。我国明代医药学家李时珍在他所著的《本草纲目》一书中就把他所记载的400多种动物分为虫、鳞、介、禽、兽五部,把1 094种植物分为草、木、谷、果、菜五部。18世纪瑞典学者林奈所创建的二名法和分类阶梯,对生物分类的发展起着重要的作用。1859年达尔文《物种起源》一书的出版,更使根据生物亲缘关系进行分类的自然分类逐渐代替

人为分类。

在生物学史上,曾提出过不少生物分类系统。其中将生物分为动物界和植物界是最通常的分类系统。目前被较多学者所承认的分类系统是1969年由魏塔克提出的五界分类系统。在这个分类系统中,原核生物属于原核生物界。真核生物分属于其余四界。其中单项式细胞生物属于原生生物界,多细胞营腐生生活的属于植物界,以摄食为主具有消化道的多细胞生物属于动物界。近年来,随着核酸碱基组成测定法、核酸杂交法、数值分类法等分类新方法的采用,生物分类有着更为迅速的发展。

植物命名之谜

植物园是"活的植物博物馆",在这里人们不仅能见到本地的乡土植物,更可以领略世界各形形色色的奇花异木。坐落在北京香山脚下的中国科学院植物研究所植物标本馆,馆内共收藏植物标本达160万份。这些植物的名称是如何命名的呢?

人类对于自己所认识的植物都要给予一定的名称,但是世界上的国家、民族众多,语言、习惯千差万别,因此各地的植物同物异名、同名异物的现象非常普遍。例如茄科植物番茄,在中国北方则称西红柿。中国特产的珍贵树种珙桐,英文俗名是鸽子树,在中国的一些产地又有着水梨子、林梨子、山白果、岩桑等俗名。大戟科药用植物地锦草,在中国各地几乎都有分布,俗名极多:在福建称为奶草、铺地草、红莲草、九龙吐珠草;在浙江称为奶疳草、红茎草,在江西称为地蓬草、蜈蚣草;在湖南称为仙桃草;在贵州称为地瓣草;在四川称为地马桑树、红沙草、闪帽草;在上海称为烘脚草、花被单、血经基……

与此相反,植物的同名异物现象同样严重,例如在中国各地被称为白头翁的植物竟达16种之多;而被称为断肠草的植物也有10种左右。

植物名称上的混乱现象,不仅不利于交流,而且给植物资源的开发利用和保护带来了很大的困难。因此,给每一种植物统一的、全世界都承认和使用的科学名称(简称学名)非常必要。目前,全世界植物学工作者统一使用的植物学名是用拉丁文表示的。每一种植物的学名都由两个词组成,前面的一个词是这种植物所在的属的名称,后一个词是这个种所特有的种名。

例如,珙桐的拉丁文学名写作"Davidia involucrate",其中 Davidia 是珙桐的属名,involucrate 是种名。这种用两个词表示一种植物的方法叫双名法(或二名法),是由瑞典博物学家林奈创立和首先使用的。目前不仅植物如此,动物、微生物等地球上的一切生物(包括已灭绝的古生物)都用双名法命名。这就如我们人类的姓名,属名如同姓,种名如同名。与人类姓名截然不同的是,人类同名同姓者经常可见,但任何一种植物(动物、微生物)的学名都绝不允许与其他植物(动物、微生物)的学名重复。如果出现重复,后命名的学名必须废除,重新命名。因此,世界上每一种植物的学名都应该是独一无二的。

原核生物——细菌之谜

说起肉眼看不见的生物,人们首先可能想到的就是细菌,它们外形一般为球形、杆形或螺旋形,通常以二分裂方式进行繁殖的原核生物。

细菌的个体微小,一般球菌直径为 0.5～1.0 微米,杆菌宽 1 微米,长 2 微米。细菌在自然界的分布很广,目前人们认识的细菌有 1 400 余种,存在于土壤、水、空气和动植物体表面及消化道等处,土壤是细菌的主要分布场所,土壤里的细菌占土壤微生物总数的 70%～90%,每克干土约含细菌 10^8～10^{10} 个。

大多数细菌为异养,少数为自养,包括化能自养和光能自养。在异养细菌中大多数为腐生,少数为寄生。细菌最适宜的生长的温度为 28～37℃,每 15～20 分钟裂殖一次,从理论上来讲,细菌令人惊异的裂殖能力使得每个菌体一天就能产生出 100 万亿亿到 10 万亿亿亿个新个体。

有些细菌喜欢以动植物的体内或体表为营寨,因而它们中有的给动植物带来病害,有的有益于农业、林业的生产。嗜冷细菌喜好中性微碱性的环境;嗜酸细菌在 pH 值为 2 的极酸环境里生长;嗜碱细菌在 pH 值为 10～12 甚至碱性更强的环境中生活。

细菌对有机物有很强的分解能力,人们称其为自然界物质循环的微型粉碎机。它们将动植物的残骸分解成可以被植物直接利用的有机营养物质,有些还能进行固氮和硝化作用。在岩石上生活的细菌,其分泌物腐蚀、分解岩石为微小的矿质营养,供给植物无机营养物。细菌在自然界物质循

环中所起的作用,对动植物的生活和农业生产也具有重要意义。

在医学上,金黄色葡萄球菌等能引起人的食物中毒;鼠疫耶尔逊氏菌、霍乱弧菌、伤寒沙门氏菌、痢疾志贺氏菌、结核分枝杆菌、苍白密螺旋体等能引起人类各种有关传染病的流行。历史上由细菌引起的传染病曾夺去无数人的生命,少数细菌也能引起家禽、家畜和作物的传染病流行,使农业生产遭受较大损失。随着人类对病原细菌的逐步认识,许多传染病已得到控制,也有许多细菌已经用于食品工业、化学工业上,如利用枯草杆菌生产蛋白酶,用于皮革脱毛、棉布脱浆;利用乳酸杆菌、醋酸杆菌生产乳酸、醋酸等化工原料,科学家曾用肺炎球菌发现并证实DNA是遗传物质。随着遗传工程的兴起,科学家已获得了能产生胰岛素等的大肠杆菌和对烃类有很强分解能力的假单细胞的新菌株。

根瘤菌是一类细菌。它们在土壤中靠鞭毛运动,从豆科植物根系的根毛侵入体内,吸取植物体的营养并产生大量黏液,引起根毛异常增生,形成根瘤。根瘤菌在根瘤内不生长繁殖,却能与豆科植物共生固氮。人们研制出约200种固氮菌制剂,广泛用于农业生产。

细菌只是原核生物中的一类成员,原核生物是由原核细胞组成的生物,除了细菌,还有古细菌、放线菌、立克次氏体、螺旋体和蓝细菌等。在电子显微镜下,可以看到原核生物的细胞膜、细胞质和一团小纤维状的脱氧核糖核酸(DNA)形成的拟核。绝大多数细菌没有色素,它们的表面却长着可以运动的纤毛或鞭毛。蓝细菌因内膜上附有色素,主要是蓝青色素,它可以行使光合功能,故蓝细菌又称作蓝藻。

种类繁多的藻类植物

藻类植物是一群种类繁多、个体大小差异明显的孢子植物。藻类植物有细胞核,是真核生物,细胞质中有简单的色素体,具有叶绿素,能行使光合功能。

藻类植物一般都具有进行光合作用的色素,能利用光能把无机物合成有机物供自身需要,是能独立生活的一类自养原植体植物。

尽管藻家族五颜六色,它们的色素主要为四类:叶绿素、藻胆蛋白、胡萝卜素和叶黄素。叶绿素a和光合作用系统是各种藻类植物必备的,并能利用水作为氢的供体,在光合作用中释放氧气,现在大气中的游离氧气有一半以上是它们生产的,而藻类的年生物生产量占整个植物界生产量的90%。

藻类植物体在形态上是千差万别的,小的只有几微米,必须在显微镜下才能见到。体形较大的肉眼可见,最大的体长可达60米以上,藻体结构也比较复杂,分化为多种组织,如生长于太平洋中的巨藻。尽管藻体有大的、小的、简单的、复杂的区别,但是,它们基本上是没有根、茎、叶分化的原植体植物。生殖器官多数是单细胞,虽然有些高等藻类的生殖器官是多细胞的,但生殖器官中的每个细胞都直接参加生殖作用,形成袍子或配子,其外围也无不孕细胞层包围。藻类植物的合子不发育成多细胞的胚。有少数低等藻类是异养的或暂时是异养的,这可根据它们的细胞构造和贮藏的营养物质,与异养原植体植物——真菌分开。

藻类在自然界中几乎到处都有分布,主要是生长在水中(淡水或海水)。但在潮湿的岩石上、墙壁和树干上、土壤、养面和下层也都有它们的分布。在水中生活的藻类,有的浮游于水中,也有的固着于水中岩石上或附着于其他植物体上。藻类植物对环境条件要求不高,适应环境能力强,可以在营养贫乏、光照强度微弱的环境中生长。在地震、火山爆发、洪水泛滥后形成的新鲜无机质上,它们是最先的居住者,是新生活区的先锋植物之一。有些海藻可以在100米深的海底生活;有些藻类能在零下数十度的南北极或终年积雪的高山上生活;有些蓝藻能在高达85摄氏度的温泉中生活;有的藻类能与真菌共生,形成共生复合体(如地衣)。

藻类植物是一群古老的植物,根据化石记录,大约在35亿~33亿年前,在地球上的水体中,首先出现了原核蓝藻。在15亿年前,已有和现代藻类相似的有机体存在。从现代藻类的形态、构造、生理等方面,也反映出藻类是一群最原始的植物,已知在地球上大约有3万余种藻类。根据它们的形态、细胞核的构造和细胞壁的成分、载色体的结构及所含色素的种类、贮藏营养物质的类别、鞭毛的有无、数目、着生位置和类型、生殖方式及生活史类型等,一般将它们分为8个门:裸藻门、绿藻门、轮藻门、金藻门、甲藻门、褐藻门、红藻门、蓝藻门。

原始的自养植物——蓝藻

蓝藻又叫蓝绿藻。大多数蓝藻的细胞壁外有胶质衣,因此又叫粘藻。蓝藻已在地球上生活了 30 亿年,蓝藻约有 150 属、2 000 种,代表植物有发菜、地皮菜、海雹菜、满江红。

蓝藻细胞壁内的原生质体不是分化成细胞质和细胞核两部分,而是分化成周质和中央质两部分。蓝藻没有色素体,周质又叫色素质,位于细胞壁内面,中央质的四周,光合作用的色素存在于其中,并制造营养实行自养。在周质中越近、表面色素越多,颜色越深,这是光合作用色素对光的适应。

篮藻的藻体有单细胞体、群体和丝状体之分,又有不分枝、假分枝和真分枝的区别。最简单的是单细胞体,有些单细胞体由于细胞分裂后子细胞包埋在胶化的母细胞壁内而成为群体,如若反复分裂,群体中的细胞增多,大的群体可以破裂成数个较小的群体。

从植物进化角度看,蓝藻是植物界产生、发展和形成的摇篮。蓝藻个体小,色素的光合本领远不如叶绿素,但在以数量取胜、持续了 14 亿年之久的蓝藻时代,它们释放的氧气约占大气组成成分的 0.1%。这为地表由无氧环境变为有氧环境,为自养型真核生物——单细胞的红藻、绿藻和金藻的产生及单细胞群体和多细胞藻类的出现创造了条件。

蓝藻的适应性极强,地球上的各个角落都有它们的踪迹,甚至于岩石缝、盐卤地、温度不超过 60 摄氏度的温泉中、介壳中和深层土壤里,它们都能栖身繁衍。

多数蓝藻生于淡水中,海水里亦可见到。在中东地区有一内海,水温和盐度高于世界其他海域的海水,由于生长其中的蓝藻呈红色,得名为红海。

蓝藻在适宜的条件下繁殖极快,它的主要繁殖方式是营养增殖。生殖时,细胞中部的膜和内细胞壁向内增生,将原生质体分裂成两半。单细胞类型的细胞分裂后,子细胞立即分离,形成单细胞;群体类型是细胞反复分裂后,子细胞不分离,成为多细胞的大群体,群体破裂后,才形成多个小群体。红海所处的地理位置和红海的裂谷环境,使得红海蓝藻繁殖没有季节变化,所以看上去海水常年呈现红色。

有些蓝藻是鱼的饵料。但蓝藻大量繁殖时形成水花,将水中氧气耗尽,鱼和其他水生动物因此窒息而死。水花死后分解放出的物质极毒,是水生动物致死的另一原因。海洋中的赤潮有些是蓝藻引起的,能使海洋动物大量死亡,危害甚大。

旱生植物不死之谜

盛夏,火辣辣的太阳炙烤着大地,多数花草树木的叶子被晒蔫,有的无力抵抗而枯萎。但是,有两类植物却能自身抗旱而顽强地生存着。

一类叫多浆液的旱生草花植物。例如大花马齿苋,俗称"死不了",与马齿苋同属一个科。无论怎样的酷暑烈日也休想把花晒干,大花马齿苋的花照样开得鲜艳。这种植物大量贮藏水分的器官是它那肉质多汁的茎及碧绿圆柱形的肉质叶。它在干旱的土壤中顽强地生活着,开出一朵朵红的、黄的、白的各种颜色的花朵,由此获得"死不了"的称谓。

在澳大利亚有旱季的热带地区,常可看到被称为瓶子树的澳洲梧桐,这是一种奇特的树,烈日下照样青枝绿叶。原来,它们的根茎叶的薄壁组织已转变成贮水组织,成了内部贮水池。这样的"蓄水库"成就了极强的抗旱能力。它那高达数米的树干中部膨大,上、下较细,形似一只巨大的花瓶。瓶子树在雨季时大量吸收水分,把多余的水贮存在膨大的树干中,到了旱季,就用贮存在树干中的水来"解渴",这真是一种巧妙的抗旱方法。

在南美洲有旱季的地区,有一种被称为"纺锤树"的木棉科落叶乔木,它的树干中部也像瓶子一样膨大,也有在雨季时吸水贮于其中,供旱季使用的耐旱本领。像这样能抗旱的植物,世界各地都有生长。

仙人掌一类的肉质植物,不但是贮水的能手,还是节水的模范。在北美沙漠中,一株高达15～20米的仙人掌,可蓄水2吨以上。这类植物不但贮水多,利用得还特别经济。有人做过这样一个实验:把一重达37.5千克的大仙人球放在房间里不浇水,每过一年,称称它的重量,6年后,它一共才蒸腾了11千克水分,而且水分的蒸腾量一年比一年少。上述这类多浆液植物多属于仙人掌科、大戟科和景天科,在中、南美洲和南非洲的某些沙漠里分布很广泛,特别是多种多样的仙人掌类。这类植物由于气孔白天关闭,晚上开放,光合强度非常微弱,所以它们生长也非常慢。

另外一类旱生植物不善于贮存水分,体内含水量少,显得又干又硬,成为少浆液的旱生植物。某些此类植物的叶片已经变得很小甚至全部退化成鳞片状,以减少水分的支出,而光合作用则由绿色茎枝来代替。例如沙拐枣、夹竹桃、梭梭等,有的叶片小得像鳞片,有的叶表面角质化、多绒毛、蜡质,气孔下陷并有特殊的保护结构等。有一些旱生禾草的叶子在干旱时能卷成筒状,气孔被卷在里面以降低蒸腾作用,这样可尽量减少水的支出,在干旱的日子里,照样能够存活。少浆液植物根系非常发达,能迅速而充分地吸收土壤中的水分。其中有的种类主根发达,扎入地表下深达 40 米,有些种类的侧根很发达,分枝多,分布广。

旱生植物不仅以其外部形态特征来适应干旱,更重要的还在于其内在的生理特征。如细胞的固水、保水能力强,渗透压高,因此能从极干的土壤中汲取水分,保证供应。但是,旱生植物的耐旱力不是无限的,一旦干旱超过它能忍受的限度,仍要受害甚至死亡。

神农尝百草之谜

人类自诞生之日起就与植物结下了不解之缘:不仅吃植物、用植物,而且崇拜植物、观赏植物、歌颂植物。因此,要熟悉植物,首先要准确地认识和区别一些常见植物。

在古代,由于缺少科学方法和手段,人类认识植物只能凭肉眼观察,为了寻找和识别有用植物,甚至冒险直接品尝,在中国,自古以来广为流传的神农尝百草的故事,就反映了人类认识植物的艰辛历程。相传,中华民族的祖先之一炎帝神农氏,为了找寻对人有用的植物,踏遍山林原野,遍尝百草,以至"一日而遇七十毒",中毒的威胁始终伴着他。

在长期的实践中,古人认识了许多有用的植物,并能根据这些植物的特点和自己的需要加以利用。例如:楠木是一类曾在中国南方山林中广为分布的优良用材树,其最大特点是木材芳香、耐腐力极强。1987 年,在福建武夷山的洞墓中取下了一具完整的"船棺",棺木为整根楠木刳成。据碳 14 测定,它是大约 3 400 年前的遗物。20 世纪 80 年代在四川省什邡县发现了一处 2 000 多年前古老的蜀人船棺葬群,至今仍然完好不朽。由此可见,古人早在二三千年前就认识了楠木长年不朽的特点,并能准确地在树林种类繁多的亚热带林中将它们识别出来加以利用。

古人识别植物的本领,在药用植物的开发利用上表现尤为突出。在中国古代的 300 多部本草著作中,记载了大量的药用植物,既包括药效和使用方法,也介绍了识别这些植物的知识。在欧洲,中世纪的植物学与本草学具有相同的意义。尤其在 16 世纪,本草学家统治了整个欧洲的植物学界。植物分类学就是在人类利用植物的过程中诞生的。在公元前 4 世纪左右编成的中国儒家经典《周礼》的《大司徒》篇中,将生物分成了植物和动物两大类,以下又各分成五类。在古希腊,"植物学之父"西奥弗拉斯图(约公元前 370~前 285 年),主要根据植物的形态性状来区别植物,并以此将已知的植物划分成大约 480 个类群。如乔木、灌木、亚灌木和草本,子房上位、下位,花瓣的融合或分离,果实的类型等。中国明代医药学家李时珍,在其编著的《本草纲目》中共收集记录了 1 000 余种药用植物,并主要根据它们的外形及用途分为草、本、菜、果、谷五个部,以下又根据植物的生态、生长习性、含有物及形态进一步分成 30 类。

18 世纪的瑞典博物学家林奈,被世界公认为"现代分类学鼻祖"。他首次将生物分成动物界和植物界,并根据雄蕊的情况将植物界分成 24 个纲,其中 1~23 纲是显花植物,第 24 纲是隐花植物。

达尔文的《物种起源》一书于 1859 年出版后,生物学家开始遵循生物进化论的思想寻求能反映生物发展演化规律的自然分类的系统。他们借助先进的科学工具和技术,更加深入、全面地观察和研究自然界中形形色色的物种,找出它们之间亲缘关系,并根据这一关系的远近划分不同的生物类群,力图恢复"生命之树"的本来面貌。

真菌之谜

真菌是多型性共生生活生物,菌体由菌丝组成,无根、茎、叶的分化,无叶绿素,不能自己制造养料,以寄生或腐生的方式生活的低等生物。在世界各地的土壤、水体、动植物及其残骸和空气中都有分布。真菌是一群较独特的生物,因此当前有的学者将真菌从植物界中分出成立真菌界,并与原生生物界、原核生物界、植物界、动物界共同构成生物的五界系统。

真菌在地球上已有 4 亿多年的生活史,在真菌 5 万名成员的大家庭里,可供食用的香菇、金针菇和口蘑只是其中的几个品种。它们以吸收水分和有机物质为营养。

真菌菌丝呈管状,多数菌丝有隔膜,此类菌丝为多细胞,隔膜中央有小孔,使细胞质、细胞核得以通过。有些真菌的菌丝无隔膜,为多核细胞。真菌以无性生殖和有性生殖两种方式进行繁殖。真菌的种类很多,依据它们由简单的原质团、单细胞、假菌丝,到复杂的两型菌丝和菌丝体的形态变化,分鞭毛菌、接合菌、子囊菌、担子菌和半知菌五类,广泛地分布在自然界,与人类的关系十分密切。

人类利用真菌已有几千年的历史。真菌的发酵产物可制成具有不同色、香、味的食物和调味品,如腐乳、酱油等。酶制剂生产、织物的退浆、石油的脱蜡、抗生素和甾族激素药物的生产等都和真菌有关。多种真菌是著名的药材并得到普遍应用。真菌分泌的生长素能促进植物生长。真菌能分解各种有机物,增加土壤肥力,在自然界物质循环方面起着重要的作用。真菌常引起食品以及工业产品如纺织、皮革制品、纸张、木器、光学食品等的霉变。真菌还引起植物的病害,如马铃薯晚疫病、小麦锈病等。真菌病原微生物还能侵入人体和动物,引发毛发、皮肤、神经系统、呼吸系统和其他内脏的真菌病,有些真菌产生的毒素如黄曲霉素能致癌。

多种类群的真菌俗称霉菌,与人们日常生活息息相关。面包发霉是好食丛梗孢和毛霉的恶作剧。霉菌菌丝体发达,无性繁殖时,菌丝体产生大量的分生孢子梗,小梗上长出一串球形的分生孢子。分生孢子有黑、黄、红、绿和白等颜色,构成有色彩的菌落。苹果上的展青霉、柑橘绿霉及粮食、饲料和日常生活用品、工业品的发霉,都令人烦恼和扫兴。

影响人类生活的真菌

真菌的生存影响到人类的生存环境,并且对高等植物的生存也有影响,有些真菌可以给植物特别是栽培作物带来灾难性的病害。

腐生真菌能水解酶,这种酶既可分解糖类、淀粉和纤维素等碳水化合物,又可分解蛋白质和脂肪,使大分子有机物变成小分子有机物,再靠菌丝壁的扩张进行吸收。

腐生真菌数量多,在每百克土壤中就含有几千至几十万个,它们多数为好氧性的,生长发育在土壤表层。腐生真菌种类繁多,如水生真菌有鞭毛菌、接合菌、单毛菌、节水霉、水绵霉和水霉等，大气真菌主要包括真菌菌丝的碎片和孢子，如枝孢、子囊孢子等，还有能在 40 摄氏度以上和 10 摄氏度以下生长繁殖的嗜热真菌、喜冷真菌。腐生真菌可以占据有动植物残骸的所有地盘，协助腐生细菌参与自然界的碳素循环，清理地球上的垃圾，为人类创造清新、舒适的生活环境。

藻状菌中的霜霉可以引起种子植物的霜霉病，在十字花科蔬菜的叶片上常可见到。担子菌中的黑粉菌，是禾本科粮食作物的黑色瘟疫，玉米得了黑粉病（亦称黑穗病），严重时可造成颗粒无收。柄锈菌造成的锈病，可以使农林果业大幅减产。半知菌也是农业生产中的"大敌"，棉花炭疽病和甘薯的干腐病就是它酿成的。稻瘟病是稻梨孢（亦称稻瘟病菌）引起的，孢子侵入袭后，发生苗瘟、叶瘟、茎节瘟、穗颈瘟和谷粒瘟，是世界水稻产区的常见病害。例如，1974 年，中国的稻瘟病使水稻减产 60 亿千克。一般地从病菌浸染到传播只需要几日，分生孢子在病谷和病草上越冬，翌年春季分生孢子又会浸染新寄主。真菌给植物带来的病害是寄生性病害。病害发展受环境条件的影响，高温高湿、杂草蔓生可加重病变和蔓延，因此对病害的防治要有的放矢。

毒伞菌类菌体中含有有毒物质，毒菌约 150 多种，中国已知 100 多种，极毒的有 10 多种。这些毒菌有的致命率达 90% 以上，有的可引起"小人国幻视症"，有的可引起精神反常如跳舞、唱歌、大声狂笑或有奇妙的幻视症，有的引起呕吐、腹痛腹泻，有的可引起急性溶血或怕光。因此，夏秋湿润多雨季节，采食蘑菇要特别注意对毒菇的识别。

真菌利用之谜

夏秋季节，漫步在山林、草原和旷野中，常常会发现自然地生长着伞状的肉质真菌，人们把它们统称为蘑菇。它们的颜色、形态各异，有的单个生长、有的呈丛状、有的群生成片、有的在草原上形成半径约 1 米的蘑菇圈子。

蘑菇是一类大型高等真菌，发球担子菌纲、伞菌目，已知的有 900 多种，在真菌中算得上是一个大家庭。在有性生殖中形成担子和担孢子是它们的主要特征。由担孢子先萌发成单核菌丝体，与异宗单核菌丝体的菌丝细胞进行结合，形成双核菌丝扭结发育成菌蕾，然后菌蕾展开成为伞状担子

果——这就是人们通常所说的蘑菇。担子果(蘑菇)上部膨大部分叫做菌盖,下有一柄叫菌柄。

我国是世界上蘑菇资源最丰富的国家之一,现已查明可食蘑菇有数百种。南方的香菇、内蒙古草原上的口蘑、福建的大红菇、东北山林中的圆蘑和松茸等都享誉国内外。蘑菇味美而营养丰富,蛋白质含量高过各种蔬菜,含糖类、脂肪、矿物质、维生素及多种氨基酸等,是人们餐桌上延年益寿的美味佳肴。中国人食用蘑菇已经有六七千年的历史。

有一部分真菌类成员,在生长发育的生理活动过程中,其菌丝体、菌核或实体内,能够产生酶、脂肪酸、氨基酸、肽类、多糖、生物碱、甾醇、萜类和维生素等,这些物质对人体的疾病有抑制或治疗作用。医学界将上述有效成分从菌体中分离出来,用于临床。

奇妙的冬虫夏草长在海拔3 000米至雪线之间的高山上,其菌核和子座含有虫草酸,可以治疗肺病和肾病。黄竹在竹竿上形成的子座,可治疗关节炎、胃痛等病。长在树上的灵芝、赤芝、紫芝,常用于医治健痛、神经衰弱症。猴头的菌针桥头表面所含多糖类有抗癌功效,能增强人体的免疫力。茯苓的菌核,大者达数千克,有利水、安神、益脾胃等功效;云芝、猪苓、雷丸和麦角也可药用。银耳和木耳为滋养食品,长期服用可以健身。

还有些真菌为人类的酿造工业和酶制剂工业等做出了贡献。比如米根霉分解淀粉的能力强,是酿造酒和制醋业不可缺少的。青霉和毛霉等能发酵糖为柠檬酸。根霉、毛霉和芽枝霉等可使牛奶产生乳酸。葡萄糖酸、苹果酸、五倍子酸、曲酸和水杨酸等的生产都有真菌的参与。曲霉和根霉的菌株,经深层发酵和半固体发酵用于生产淀粉酶。链霉和曲霉经深层发酵,生产中性和酸性的蛋白酶,用于皮革、制药和食品工业。棉阿舒囊霉和阿舒假囊酵母是目前维生素 B_2 合成的主要用真菌。橄榄色链霉菌、酵母和丝状真菌中的某些种,可合成维生素 B_{12},菌核青霉能合成维生素 A,青霉、曲霉和多种酵母可合成维生素 D,毛霉可合成维生素 H 等。

绚丽夺目的地衣

在海拔几百米到数千米的高山岩石上,常常点缀着黄绿色、灰色、橘红色、褐色和黄色的斑块,这就是地衣。它们的颜色有灰白色、灰绿色、鲜绿色、淡褐色、乳黄色、淡蓝色、淡黑色等,附着在树皮和枯枝上,真是斑斓多彩。

地衣是藻类与真菌共生的一类植物,但并不是所有的菌藻都能拼凑组合。根据外部形态,地衣可分为叶状地衣、壳状地衣和枝状地衣三类。地衣体内的藻类进行光合作用,为真菌提供营养,而真菌能吸收水分和无机盐并包围藻类,可使其免遭外界损伤。它们构成既稳定又互惠的联合体,它们是共生现象中最突出、最完美的类群。地衣通过产生粉芽和真菌的孢子进行繁殖。粉芽里既有藻类细胞,又有菌类菌丝。粉芽脱离母体后,遇到适宜的环境即长成新的地衣。真菌产生的孢子遇到能与之共生的藻类可以长成新的地衣。

地衣能生活在各种环境中,特别能耐干寒,因而地衣在地球上分布很广,从沙漠到山地森林,从潮湿的土壤到干燥的岩石,都能寻觅到它们。在裸岩悬壁、树干、土壤以及极地苔原和高山寒漠都有分布,是植物界拓荒者。

生长在岩石上的地衣,干旱时休眠,雨后复苏并以其地衣酸的光合作用溶解岩石,因而地衣有岩石风化的先锋植物之称。子囊菌类是主要的共生菌类,光合蓝藻、绿藻里的念珠藻、共球藻和橘色藻等等占共生藻的90%。

在地衣的家谱谱系中,因菌类是主要成员,家谱排序中纲和亚纲一级依真菌的分类来称呼,如子囊衣纲、裸果衣亚纲(共生真菌为盘菌类)。目前人们已经认识的地衣约500属、26 000多种。

在地衣体结构中,衣体的上下皮层均由菌丝交织而成。有的衣体结构层次稍复杂些,分为上皮层、光合生物层、髓层、下皮层和假根。光合层中的藻细菌靠菌丝产生的附着器连接着,髓层是疏松的菌丝,菌丝间空隙大,是空气、水分、养料和地衣酸的贮存所。有的衣体结构层次简单,只有上下皮层和中间的菌丝组织,蓝藻就散生在菌丝间。无怪乎菌类是地衣体的主要成员。在地衣体的上皮层常见一些特有的附属物,如粉芽、裂芽、衣瘿、杯点和假杯点,前三种附属物虽形成的原因不同,但都具备光合机能。

有些地衣大量生在茶树、柑橘上,对经济林木的生长发育危害甚大。

苔藓植物探秘

苔藓植物是体形态结构简单,呈叶状体或有类似茎叶的分化,没有维管

束的一类绿色、柔弱、矮小的草质植物,通常高不过10厘米,最大者也只有几十厘米。已知的苔藓植物约840属、23 000多种,在中国有2 800多种。

多数苔藓营自养生活,仅少数种营腐生生活。在潮湿的石面、土表、树干或树枝上常成片生长,在热带、亚热带、温带多云雾的山区林地内生长尤为繁茂。生活史中有明显的世代交替现象,常见的植物体是配子体,孢子体寄生配子体身上。常见的苔藓植物有地钱、葫芦藓、泥炭藓、提灯藓、水藓等。

苔藓植物体虽多数具有茎叶的分化,但没有真正的根,只有由单细胞芽多细胞构成的假根,承担固着和有限的吸水作用。苔藓茎的细胞结构均一,或者略有皮层和中轴的分化。与藻类植物相比,它是具备了能够独立在陆地上生活的一类植物。

苔藓植物具有较进化的有性生殖器官。雌性器官呈瓶状,叫颈卵器。雄性叫精子器,里面藏着多个精子,精子借助于水游入颈卵器与卵结合,发育成胚。胚在母体上发育成孢子体,它产生可繁殖的孢子后就死亡。由孢子萌发的原线体可长出芽,由芽发育成的配子体,这就是我们见到的绿色苔藓植物。

除了干旱的沙漠和碧蓝的海水中找不到苔藓植物以外,在自然界的其他各处均可找到它们的遗迹。古老建筑的天井里、台阶上、庭院墙头和屋顶瓦片上,遇到阴雨天气,便会滋生出一层翠绿的苔藓植物,更不屑说是阴湿的石面、表土和树皮上了。

也有一些植物看似苔藓其实并不是苔藓。青苔、浒苔和橡苔虽然都称"苔",但并不属于苔藓类植物。

阴湿的地面常常长出青绿色的一层青苔,使人容易滑倒,其实它不是苔藓植物,而是蓝藻。

浒苔是中国山东、福建、江浙沿海盛产的一种海产绿藻,藻体暗绿色或亮绿色,高达1~2米。山东称海青菜、江苏称海菜、江浙称苔条、上海称苔菜。藻体生长3~6个月即成熟,多用途调味品,也可供药用。

橡苔是附生于橡树树干和枝条上的一种地衣植物,灰绿色。主要产于欧洲中南部,以地中海沿岸的法国、意大利和南斯拉夫所产的橡苔质量最高。橡苔浸膏具有自然的清闲香气,是香精、香料工业上不可缺少的原料。

用途广泛的木贼

木贼科为蕨类植物,是古老的一大类群,具有较强的环境适应能力。木贼科植物仅一属,即木贼属,约 30 种,除大洋洲外,世界各地均有分布。

化学方面研究较多的有问荆、木贼、犬问荆和墨西哥植物等,研究表明木贼本科植物具有抗心肌缺血、降血压、降血脂、降血糖、镇痛、保肝及抗肿瘤等多方面生物活性,主要是硅酸成分。在德国 1987 年验证了它的利尿作用,同时证明了它对一系列细菌有抵抗作用。

木贼是木贼亚门、木贼科、木贼属植物。这一属共有 30 多种,中国产 10 种以上,常见的种类还有问荆、草问荆、犬问荆、节节草、笔管草等。

木贼喜潮湿环境,常见于北半球温带地区的山林原野中。这类植物不像多数喜阴湿植物有宽大绿叶,外形颇为奇特:呈管状圆柱形、细长,带纵棱的茎拔地而起,高 40~60 厘米,个别的可达 1 米以上。木贼体轻、质脆,茎断面中空易折断,直径 0.2~0.7 厘米,表面灰绿色或黄绿色。木贼有 18~30 条纵棱,棱上有多数细小光亮的疣状突起,节明显,不分枝,节间长 2.5~9 厘米,节上轮生着很小的鳞片状膜质叶。夏秋季,在木贼的茎枝顶部生出纺锤形的孢子叶穗,看上去犹如一支头朝上的毛笔,下面中空的茎好像笔管,上面的孢子叶穗形似笔头。因此人们又称这类植物为笔管草、笔头草。

木贼等植物还具有一些奇特的功用。如它们的茎上具有粗糙的纵棱,而且茎内含有丰富的硅质,在民间常被用来打磨木器、金属,或擦去器皿上的污垢,因此又享有锉草、擦草、磨草等别称。

木贼属植物多有地下横走的茎,茎节上易萌生新的植株,因此往往成片生长。这类植物如果侵入农田就会对作物造成危害,而且不易清除。但木贼属植物几乎都可以入药,有清热利尿、止血、明目等多种功效,自上而下都为中医所用。

木贼类植物多生长在地下水位较浅处,可作为寻找地下水源、打井的指示性植物。问荆还有奇特的"聚金"本领,生长在金矿附近的问荆,每吨干物质中含金量可达 140 克,所以地质工作者可根据问荆的这种特性去寻找金矿。

我国产 9 种,其中长白山地区有 6 种,即问荆、木贼、草问荆、犬问荆、节

节草及林问荆。我国古代本草记载:"问荆苦平无毒,主治结气瘤痛,上气气急","木贼有疏风散热、解肌退翳之功"。我国医学认为,木贼气微,味甘淡、微涩,嚼之有沙粒感,具有疏风散热止血的功能。

身材高大的弱者——桫椤

桫椤又叫树蕨,树蕨是桫椤植物的泛称,是一种喜欢高温高湿的木本蕨类植物,植株可以高达数十米,生长在我国南方林下或溪边阴地。桫椤的茎干上布满了近菱形的叶痕,看上去很像蟒蛇的皮,因此又被称为蛇木,在台湾等地常用做栽花的容器。

桫椤植物属于真蕨亚门,只有4属、600种左右,主要分布在热带、亚热带山区。中国有2属、20多种树蕨,产于西南、华南及华东等地。

桫椤的叶为三回羽状深裂,小裂片似羊齿,背面沿中肋生有球形孢子囊群,内含许多(60~190个)孢子囊,每个孢子囊产生16个孢子(图5-2)。

图5-2　桫椤树

桫椤虽然长成了树形,但与裸子植物和被子植物中的树木相比,耐旱能力极差,也不耐寒,只能生长在夏无烈日灼烤、冬无严寒侵袭、降雨丰富、云雾多的特殊环境中。中国南方的深山老林,尤其是潮湿的溪流旁,是桫椤的乐园,但这样的环境已经越来越少了。因此,桫椤虽然分布较广,在台湾、福建、广东、海南、广西、贵州、四川、云南都有,但却十分罕见。

中国分布较广的桫椤科植物还有黑桫椤,产于云南、广西、广东、福建、浙江、台湾等地。在中国生长的最著名的桫椤,由于其叶柄上有密密的小刺,又被称为刺桫椤。桫椤的外形看上去有些像棕榈或苏铁,无分枝的树干高达 8 米,直径 20 厘米左右,仅在顶部簇生有大型的羽状复叶,叶长达 2 米多,宽 1 米。整个植株又好似一把撑起的巨伞。中国最高的树蕨是白桫椤,树干高达 20 米,叶片长 3 米,宽 1.6 米。

位于南太平洋上的岛国新西兰,是世界上盛产树蕨的国家。在该国北岛,有大片的树蕨分布,那儿高大的树橛种类可以长到 25 米,一簇簇巨大的树蕨叶遮住了天空,形成美丽的羽状天篷,蔚为奇观。

3 亿 8 千万年前的古生代晚期,是蕨类植物极为繁盛的年代,那时的桫椤生长得非常茂盛,高 30～50 米、主干粗 2 米的蕨类巨木比比皆是。然而时过境迁,随着地壳运动和气候变化,绝大多数的桫椤都灭绝了。现在的桫椤就是极少数幸存者的后代,在地球上仍广为分布的蕨类绝大多数都是矮小的草本植物,只有在一些温暖、潮湿的环境中,才能见到较为高大的树蕨。所以,桫椤十分珍贵,是我国的一级珍稀濒危保护植物,我们要像爱护大熊猫那样,好好保护桫椤。

"真正的陆地征服者"——裸子植物

裸子植物是植物界中比蕨类植物更进化的类群,被誉为"最早的、真正的陆地征服者"。

裸子植物在植物界中的地位,介于蕨类植物和被子植物之间。它是保留着颈卵器,具有维管束,能产生种子的一类高等植物。

在讨论裸子植物时,有两套名词时常混用:一套是在种子植物中习用的花、雄蕊、心皮等;一套是在族类植物中习用的孢子叶球、小孢子叶、大孢子叶等。其原因要追溯到 19 世纪中叶以前,那时人们不知道种子植物的这些结构和蕨类植物的结构有系统发育上的联系,所以出现了这两套名词。1851 年,德国植物学家荷夫马斯特(Hofmeister)将蕨类植物和种子植物的生活史完全贯通起来,人们才知道裸子植物的球花相当于族类植物的孢子叶球,前者是后者发展而来。

裸子植物都是多年生木本,大多数为单轴分枝的高大乔木,而且高大、挺拔的乔木居多。裸子植物的孢子体特别发达,枝条常有长枝和短枝之分。网状中柱,并生型维管束,具有形成层和次生生长。木质部大多数只有管

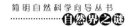
胞,极少数有导管,韧皮部中无伴胞。叶多为针形、条形或鳞形,极少数为扁平的阔叶;叶在长枝上螺旋状排列,在短枝上簇生枝顶;叶常有明显的、多条排列成浅色的气孔带。伴有强大的主根。

裸子植物分布广、群体数量庞大,但种类却不多,只有近 800 种,是植物界各大类群中种数最少的。其中许多种类的叶呈针状披针形,因此习惯上又称它们为针叶树。当我们到一些温带的原始森林中考察时,就会见到大量的针叶树。据统计,地球上由裸子植物组成的森林约占世界森林总数的 80%。

与藻类、苔藓、蕨类不同,裸子植物不再靠孢子繁殖后代。它们能开出花被的花,受精过程也不再依靠水为媒介,雄花粉可通过风力传播。雌花受精后,由裸露的胚珠发育成种子,使下一代幼小的生命体在形成期就得到母体营养物的充分供应。种子成熟后脱离母体,通过种翅等构造由风向四处传播,靠坚硬的种皮在干燥寒冷的环境中生存,因此裸子植物更适应陆地环境。

裸子植物均属于裸子植物门,下面分 4 个纲:苏铁纲、银杏纲、松杉纲、习麻藤纲(又称盖子植物纲)。这 4 个纲共有 9 目、12 科。中国有裸子植物 8目、11 科、2 变种。

"金色化石树"——银杏

银杏原产于东亚,原来是我国特有的树种之一,栽培历史悠久,各地千年以上的古树屡见不鲜。在古代出家人眼里,银杏长寿、典雅、圣洁,因此常植于寺庙、宫观之中,被尊为圣树。

银杏又称白果树、公孙树,是裸子植物中独一无二的落叶阔叶乔木。银杏的树干笔直,树高可达 50 米,胸径则可达 4 米以上。银杏幼小时树皮粗糙,有纵行的波纹,年老时树皮灰色,有深刻的龟裂。枝有长枝和短枝之分,长枝光滑而有光泽,短枝粗短而有环纹。

银杏的叶子有长柄,叶片像小褶扇,叶片形似小扇面,又颇像鸭掌,春夏季翠绿无瑕,秋季逐渐变为金黄色,既奇特又美丽。

银杏是雌雄异株的植物,每年 4 月开花,10 月种子成熟。银杏虽然不结果实,但具有肉质外种皮的种子,颇似一枚杏果,民间视是一种果树。种子卵球形、黄色，成熟时外面还披有一层白粉，因此被称为"银杏"。种子有三层种皮，外种皮厚而肉质，表面有白粉，具臭味，含有有毒物质；去掉肉质外种皮后就能见到坚硬如核的中种皮；内种皮膜质红褐色。砸开中种皮再剥开内种皮便可以吃到味道鲜美的"果仁"——白果。

银杏的树形美丽，是优良的园林绿化树和行道树种，现在已经广泛栽种在世界各地。18世纪时，银杏被引种到欧洲，以后又出现在美国的园林中，被西方人视为神奇的东方宝树。现代科学已经证明：银杏是地球上现存树木中最古老的种类，它的祖先在2.7亿年前的古生代二叠纪就已经出现了。中生代时，银杏家族极其繁盛，不仅种类多，而且分布几乎遍及全球。中生代晚期，由于地球气候和地质的变迁，银杏家族开始衰落。在距今大约200万年开始的新生代第四纪冰期，这个家族遭到毁灭性打击，仅遗存银杏一种在亚洲东部的局部地区。因此银杏在裸子植物门中成了举目无亲的孑遗植物，植物银杏纲。

今天，银杏受到全世界的关注，被誉为"金色化石树"，在园林中广为栽培。它不仅美观、典雅，而且体内含有多种抗病虫害的生物活性物质，极少病虫害发生。更可贵的是，银杏具有较强的抗环境污染能力，因此适于作为城市行道树及污染区绿化树种栽培。它的种子和叶还有较高的药用价值，利用前景十分广阔。

中生代遗存化石——苏铁

苏铁，又称铁树，别名凤尾蕉、避火蕉。苏铁起源于3亿年前的晚石炭纪，虽然在世界各地的植物园、公园，甚至一般人的家庭中就能见到，但却是名副其实的活化石。长期以来，由于苏铁原生环境的破坏和人们对野生苏铁的肆意盗挖，使得苏铁资源锐减，有些种类已濒临灭绝。我国政府于1999年8月将苏铁属所有种全部列为国家一级保护野生植物。2001年正式启动的"全国野生动植物保护及自然保护区建设工程"将苏铁与大熊猫等一起，列为15大重点保护物种。

苏铁是苏铁科苏铁属常绿针叶树，原产地我国南部、印度尼西亚、印度等亚洲南部地区。在恐龙称霸地球的中生代，苏铁家族就殿堂兴盛，遍布于全球各地。有人估计，当时世界的每3种植物中，就有1种是苏铁家族的成员。然而,到了中生代晚期,恐龙灭绝了,显赫一时的苏铁家族也逐渐败落,延续至今只有苏铁纲中的 1 目、1 科、10 属、110 余种,而且仅自然分布在热带、亚热带的一些狭小地区。

我国苏铁有 1 科 1 属,约 20 余种,主要分布于四川、贵州、福建、广东、广西、云南、海南等省区,闽、粤二省种植最多。苏铁在我国自然分布最北的是 20 世纪 80 年代初在四川渡口市(现改名为攀枝花市)附近发现的攀枝花苏铁。

苏铁树形古朴、奇特。主干圆柱形,粗壮、坚硬如铁。叶丛生在茎的顶端,羽状叶长达 2 米,羽片可达百对以上,十分坚挺,形如中国古代传说中的神鸟凤凰的尾羽,所以又被称为凤尾蕉。苏铁中最奇特的是叶呈二叉状的叉叶苏铁。

中国有句俗话:"铁树开花,马生角。"形容苏铁开花极为罕见。其实,只要温度、光照及水肥条件合适,一些一、二十年树龄的铁树就能连年开花不断。苏铁是雌雄异株植物,雌花和雄花分别生在雌株和雄株顶部。雄花序黄色,形如圆柱形宝塔,高耸于绿叶丛中。雌花序黄褐色,呈扁球形,为绿叶所环抱。苏铁的种子形如鸟蛋,熟时朱红色,被人称为凤尾蛋。

苏铁叶锐如针,洁滑有光,四季常青,是庭院、室内常见的大型盆栽观叶植物,亦适用于中心花坛和广场、宾馆、酒楼,会议厅堂等公共场所摆设,枝苍翠,美观大方。

苏铁属植物茎干含淀粉,可食用。尤其是云南苏铁,茎很短,基部膨大,像个大萝卜,含淀粉多,味道鲜美,有"神仙米"之称。此外,苏铁的种子及叶入药,有止咳、止血、治痢疾等功效。

北温带森林之母——松树

松树,一般泛指松科中松属的各种。松科是裸子植物门中最大的科,有 10 个属、230 多种,其中松属就有 90 多种,是楹科也是整个裸子植物门中最大的属。

松树最明显的特征是叶成针状,常 2 针、3 针或 5 针一束。如油松、马尾松、黄山松的叶 2 针一束,白皮松的叶 3 针一束,红松、华山松、五针松的叶 5 针一束。

　　松树为雌雄同株植物，而且孢子叶成球果状排列，形成雌、雄球花。雌球花单个或 2～4 个着生于新枝顶端，雄球花多数聚集于新枝下部。松树的球花一般于春夏季开放，但花粉传到雌球花上后，要到第二年初夏才萌发，使雌花受精，发育成球果（不是果实）。球果于秋后成熟，种鳞张开，每个种鳞具有两粒种子。

　　松树是北半球最重要的森林树种，除苏门答腊松分布到南纬 2 度外，其余各种都自然生长在由赤道到北纬 72 度的山川原野上。尤其在温带地区，松属植物不仅种类多，而且往往形成浩瀚的林海，因此松树被誉为"北温带森林之母"。

　　松树对陆生环境的适应性极强。它们可以耐零下 60 摄氏度的低温或 50 摄氏度的高温，能在裸露的矿质土壤、砂土、火山灰、钙质土、石灰岩土及由灰尘化土到红壤的各类土壤中生长，耐干旱、贫瘠，喜阳光，因此是著名的先锋树种。

　　松树在西欧最早发现于英格兰的罗马遗迹中，有球果以及树枝，善于航海的苏格兰人，以松树制作出名的单桅帆船。

　　古人称松为"从容木"，说它处世从容，四季如常；又称松树为"十八公"，是拆"松"字而得。宋人为松树作谱，说它"千岩俱白，万顷同皓，众草枯萎，万木凋零，惟这树中的强者，始见贞洁，它根含冰而弥固，枝负雪而更新，萦白云以舒盖，接丹桂而虬龙。"

　　松属植物中的多数种类是高大挺拔的乔木，材质好堪称栋梁之材。例如中国东北的红松、北美西部的西黄桦（高达 75 米）、原产美国加州沿海的辐射松、原产于美国东南部的湿地松、美洲加勒比海地区原产的加勒比松等等，都是著名的用材树种。

　　人们喜欢到长满松树的地方，因为那里的空气即是对肺病最好的良药。埃及、希腊及阿拉伯古文明都肯定它的疗效，特别是对肺部疾病诸如支气管炎、结核等病疗效更好。而在北美的印第安人，认为松树可医治及预防坏血病。另外它也被用在宗教仪式上。

　　松树的观赏价值也是有目共睹的。在中国，从皇家古典园林到现代居民家中都能见到松树的倩影，无论是公园中的油松、白皮松和树桩盆景中的五针松以及名山胜地的黄山松、华山松、长白美人松，其美姿都很醉人。

孑遗的杉科植物——巨杉

在地球上生存的几百万种生物中,最巨大的物种是裸子植物的杉科树种巨杉——生长在美国加利福尼亚山区的巨杉树。在美国加利福尼亚州内华达山脉西侧的公路上,有一株株世界驰名的巨杉,像高高的路标矗立在道路上,川流不息的汽车就在树中间穿梭。

巨杉是杉科植物,常绿高大乔木,高可达近百米,干周可达 30 米。巨杉是长寿树种,树龄都在 2 000～3 000 年,因此有"世界爷"的美誉。实际测量表明,生长在美国加利福尼亚州红杉国家公园中的五株巨杉树,其中的一株高 83 米,树干直径 10 米左右。根据木材密度计算出它重达 2 800 吨左右,为地球上最大的动物蓝鲸的 15 倍,与 466 只最大的陆生动物非洲象的重量相等,是世界上最大的活生物。据估计,这株世界最大的巨杉已经在地球上度过了大约 3 500 个春秋。为了表示对这株巨杉的崇敬之情,美国人用南北战争时功名显赫的谢尔曼的姓氏来颂扬它,称其为"谢尔曼将军树"。

令人惊讶的是,这种最大的巨杉植物的种子却非常小,只有 3 毫米长,25万粒种子还不到 1 千克重。球果也不大,有 25～40 个种鳞,种子两年才长成。虽然种子出芽率只有 10％,但幼苗生长很快,两年就可长到 80 多厘米,直径 9 厘米。

杉科在松杉纲 4 个科(南洋杉科、松科、杉科和柏科)中,种类最少,只有16 种,但却分别隶属于 10 个属。杉科不仅每一属的种类极少,在地理分布上各种也多局限于较狭窄的区域内。这种属多种少、分布范围有限的现象,是杉科在地球亿万年的历史长河中由兴旺走向衰退的结果。

据古植物化石显示,在距今 1.8 亿年的中生代侏罗纪,杉科植物就出现在地球上。到距今 1 亿年至 6 千万年的地质时期,杉科树种在北半球繁盛一时。那时的杉科植物种类多、分布广,甚至有些种类分布到了北极地区。北美红杉属、水杉属、水松属、落心杉属都是当时最常见的类群。以后,这一科的绝大多数植物在地球气候和地质的变迁中相继灭绝,个别孑遗植物的"避难所",杉科孑遗种类中的多数都在这一地区保存了下来。

杉科虽然种类少,但确是很好的树种。这其中有中国南方广为分布的杉木。杉木生长快、产量高、材质好、用途广,被称为万能之木,自古就广为栽培。1972 年,长沙马王堆出土的一号汉墓未腐女尸所用的棺材板就是杉木。美国加利福尼亚的巨杉不仅树体异常高大,而且木材耐腐力极强,林中倒下的大树往往几百年不朽。

植物大家族——被子植物

被子植物是植物界发展的最高阶段,也是地球上与人类关系最密切的植物大家族,目前已知有 20 多万种,1 万多属。

被子植物种类繁多、形态复杂,其分类难度较大。19 世纪末以来,先后出现了几个较有影响的分类系统:恩格勒系统、哈钦松系统、塔赫他间系统和克朗奎斯特系统。

目前,由美国植物学家克朗奎斯特 1968 年发表、1981 年两次修订的系统在世界上最流行。克朗奎斯特系统把被子植物门分为木兰纲(双子叶植物纲)和百合纲(单子叶植物纲)2 个纲,以下共有 11 个亚纲(木兰纲 6 个、百合纲 5 个)、83 个目、383 个科。

被子植物有色彩鲜艳、形美味香的花朵,曾被称为有花植物。被子植物和裸子植物都能产生种子,因此这两门植物又被称为种子植物。但被子植物在裸子植物胚珠裸露的基础上又出现了子房,使胚珠包被在其中发育成果实,避免了昆虫等植食性动物的直接咬食和水分的丧失。种子成熟后,果实有助于种子的散布,对物种的繁衍极有利。

被子植物的根、茎、叶等营养器官也更进化,有完善的维管系统保证水分和养料的运输。与裸子植物相比,被子植物生长更快,也更适应陆地各种生态环境,因此分布更广泛。

被子植物中生长最快的竹类,不到 3 个月就可以长到 30 米高。在马来西亚的沙巴,有一株南洋楹树,13 个月生长了 10.7 米。

被子植物的生活型有乔木、灌木、藤本、草本,有多年生的,也有一二年生的。它们可以生长在高山、沙漠、盐碱地等不良环境中,耐寒、耐旱、耐盐碱的本领更强。有些被子植物演化成了寄生者,形成了特化的寄生器官——吸器(或称吸根)。有的被子植物又回到水中,成了河流、湖泊甚至海洋的居民。

珙桐是中国特有的珍稀被子植物,它的"花朵"是由许多小花组成的圆

简明自然科学向导丛书
自然界之谜

头花序,远观似一紫色的圆球,二三片大如手掌的白色苞叶犹如白鸽的翅膀。因此在欧美又被称为盛花时如白鸽落满枝头的美丽树木为"中国鸽子树"。

被子植物的花、果等器官在适应花粉和种子的传播过程中,进一步发展分化,也使直接或间接为其传粉和散布种子的动物得到相应发展。同时,在防卫植食性动物和引诱传粉者的进化过程中,被子植物的次生代谢物质也越来越丰富。这一切都使人类成为受益者,从被子植物身上得到了衣、食、住、行、药、赏等各种好处。

美丽的花木——玉兰和木兰

木兰科是被子植物门中最原始的目——木兰目中的一员,只有 14 属、250 种,都是木本植物。中国是木兰科植物分布最集中的国家,共有 11 属、90 多种,主要生长在南方山林中。木兰科不仅种类少,而且地理分布区也较狭窄,仅自然生长在两块相距很远的地区:亚洲东部至东南部地区及美国东南部到加勒比海。

木兰科植物虽然种类不多,但几乎个个都是美丽的花木,有的种类栽培历史悠久,为著名的观赏植物。中国园林中最常见的木兰科植物是玉兰和木兰(紫玉兰)。

玉兰是一种落叶乔木,高达 20 米,春季先叶开花,花朵硕大,香气袭人。9 枚花被片色白微碧,上举如玉杯高擎。一些百年以上的大树鲜花盛开时,千枝万蕊、莹洁清丽,宛如玉树。

木兰又称紫玉兰、辛夷、木笔,为落叶灌木,高 3 米,也于春季开花,花被紫色或紫红色,十分俏丽。

木兰科常见栽培的花木还有荷花玉兰(广玉兰)、白玉兰、含笑、厚朴、木莲、鹅掌楸等。木兰科植物的花朵虽然美丽,却表现出被子植物的原始特征:花朵单生,花被没有分化成萼片和花瓣,雌、雄蕊多数且分离,螺旋状排列在伸长的柱状花托上,子房上位,蓇葖果等。除鹅掌楸之外,这一科中的华盖木、观光木、长蕊木兰等也都是古老的孑遗植物,十分珍贵。

木兰科的木莲属、木兰属和含笑属,种类相对较多,是亚热带常绿阔叶林的重要组成树种。许多种类材质优良,有的具有药用价值,小花木兰(天女花)、白兰花等的叶片还可以撮高级芳香油,经济价值很高。

鹅掌楸是十分珍稀的种类,不仅花美,而且叶片形似小马褂,十分奇特,又被称为马褂木。这一属只有鹅掌楸和北美鹅掌楸两种,分别生长在亚洲东部和北美东南部。据科学家分析,这两种鹅掌楸是有1亿多年历史的古老被子植物家族的后裔,是地球漫长历史的产物。

果实和种子传播奥秘

植物在长期的生存竞争中,各自都有一套传播后代的特殊构造和本领。以生长在路旁的蒲公英来说,每当它的果实成熟以后,在每个果实的顶端长有一丛冠毛,张开后像一把把降落伞,被风一吹,到处飞舞;一旦风停,它们便飘落在地面上繁衍生息。像蒲公英那样靠风力来传播自己后代的,还有身披绒毛的柳树果实,长有双翅的槭树果实和具单翅的松树种子以及身小质轻的列当种子等等。

生长在水里或水边的植物,大多数是借助水流来传播后代。例如睡莲的果实成熟后便沉入水底,直到果皮腐烂以后,里面一粒粒包有海绵状外种皮的种子才纷纷飘浮起来随波逐流,飘向远方。生长在热带沿海或岛屿周围的椰子树,它们的种子也是靠水来传播的。椰子果皮为一层很厚的粗糙纤维状组织,里面充满空气。当果实成熟后掉在海水里,它就像皮球一样漂在水面上,随着海潮被冲到海岸上,生根发芽,长出新株。

蚂蚁、各种鸟类以及牛、羊等哺乳动物,甚至人类都可成为植物传播果实和种子的好帮手。如苍耳、蒺藜、鬼针草、猪殃殃等植物的果实上长满钩刺,只要动物或人从它们身边走过,这些"淘气"的果实就会钩挂在动物身上或人们的裤脚和鞋袜上到处传播。堇菜和细辛的种子,常常是蚂蚁搬运的对象。松子和栗实则是松鼠最喜爱的食品,这些果实或种子被松鼠搬走并贮藏在土里,如果有的被遗弃,便为萌发和生长创造了条件。还有一些植物的果实,如樱桃、悬钩子等,果皮色彩艳丽,果肉味美,常为鸟类啄食,种子可随着它们的粪便排出,从而也达到为植物传播后代的目的。

凤仙花的果实成熟以后,只要稍稍一碰,甚至一只昆虫轻轻触及,它就会突然裂开,用力把里面的种子弹出1米多远。依靠植物自身能力来传播后代的,还有各种豆科植物,如黄豆、绿豆和豌豆等。它们的果实成熟后,内外

果皮可因收缩方向的不同产生强烈的旋转卷曲力,使果皮开裂,种子弹出。最奇妙的还是生长在欧洲南部的喷瓜,果实成熟时,包在果皮里面及种子周围的组织变成了相当黏稠的液体,对果皮产生了很大的膨压力,如同一个打足气的皮球,这里稍有外力碰及,喷瓜就会炸开。有趣的是它们的果柄都一致向上倾斜,使喷瓜与地面构成 40～60 度夹角,这正是大炮射击取得最大射程的最佳倾角。当喷瓜炸开时,可将种子和黏液一齐喷出,使数十粒种子撒落在 30 平方米的地面上。

植物生命复苏之谜

秋天,正是许多植物种子成熟、庄稼收获的季节。植物幼小的生命——胚,将在种子中沉沉昏睡,度过一个漫长而寒冷的冬天。到了春天,明媚的阳光、温暖的气候、充沛的雨水为种子中幼小生命的复苏提供了最适宜的条件。

种子在潮湿的土壤中吸水后,细胞中的原生质从凝胶状态变成溶胶状态,各种酶也开始活跃起来,把贮藏在胚乳细胞中的淀粉、蛋白质水解成可溶性的葡萄糖、麦芽糖和各种氨基酸,以供给幼胚的生长发育。随着种子内大量营养物质的胚的逐渐增大,首先胚极突破种皮,接头长出胚芽,最后形成具有根、茎、叶的幼苗。

各种植物的种子在萌发时所需吸进水量都不相同。例如大豆、花生等含蛋白质多的种子吸水较多,在它们萌发时至少要吸进原来干重的 120% 的水分。而一些禾谷类植物,如小麦、水稻的籽粒以含淀粉为主,因此吸水较少。一般小麦吸水量为干重的 60%,水稻只需干重 35%～40% 的水分。

促进种子萌发的最适温度,对各类植物来说并不完全一样。例如长期生长在温带地区的小麦,它的萌发最适宜温度为 25～31 摄氏度,如果低于零摄氏度或高于 37 摄氏度,就完全不能发芽。又如原产热带地区的南瓜,其种子萌发最理想的温度是 37～44 摄氏度之间。

当种子吸水后,呼吸作用增强,这时就需要吸进大量氧气,呼出二氧化碳。一般土壤中的空气含氧量在 10% 以上,大多数植物的种子就能正常萌发。有些含脂肪多的种子,如油菜、棉花等,它们萌发时则需要更多的氧。因此,如果土壤水分太多或者土表板结,氧气不足,种子就会闷死。

光线的有无对大多数植物种子的萌发来说无关紧要,但烟草和莴苣的种子在没有光照的条件下就不能萌发。相反的,苋菜、洋葱和番茄的种子萌发时,千万别让它见到光线,否则它们就永远不发芽。

田间收获的粮食作物籽粒,或野外采集的种子,大多数要休眠一段时间才能萌发。不过有些植物的种子,如小麦、水稻没有明显的休眠期,如果收获时遇上阴雨高温天气,它们就会迫不及待地钻出胚根和胚芽来。还有些植物的种子寿命很短,如柑橘的种子仅能活几天,生长在干旱沙漠中的梭梭树种子只活在较低温度下(不高于 4～5 摄氏度),都能存活 3～5 年,有的甚至长达几十年。种子寿命最长的恐怕要属莲花的种子了,科学家发现,埋藏在深层泥炭土中长达 1 000 年的古莲子,经过处理后仍能萌发,长出绿叶,开花结实。

植物进化历程探秘

地球是生命的摇篮,诞生于 46 亿年前,经过近 10 亿年的演变,地球上出现了原始海洋。在大自然的作用下,原始海洋中逐渐产生多种有机物质,不断地产生化学反应,使一些简单的有机物质氨基酸和核苷酸形成生命的物质基础。单个的蛋白质和核酸分子在原始海洋中聚集,形成团聚体或叫微球体。通过进化,它们已具有最原始的新陈代谢作用,并从海水中独立形成体系,终于产生了生命的特征——蛋白体的新陈代谢和自我复制。

植物进化过程大体有以下几个阶段。

菌藻朝代:35 亿～18 亿年前的太古代至元古代前期,出现了细菌和蓝藻等原核生物。

藻类植物时代:18 亿～5 亿年前的辰旦纪——志留纪,由原核生物分化增殖,逐渐形成多细胞的真核藻类植物。距今约 4 亿年前,由于海陆更替,藻类植物逐渐适应了陆地环境,成为陆生植物的祖先。

蕨类植物时期:在 4 亿～2.5 亿年前的志留纪到二叠纪,因湿润多氧的环境,蕨类植物生长旺盛,组成了蕨类植物的灌丛和森林。

裸子植物时期:2.5 亿～1.2 亿年前的二叠纪——白垩纪早期,裸子植物适应了陆生环境,松柏、银杏等生长十分茂盛,这一时期恐龙也发展到顶峰。

被子植物时代:从白垩纪早期直到今天,被子植物统治了整个植物界,约有27万多种,古植物界数量的一半以上。被子植物在进化过程中,从双子叶植物演变成单子叶植物,再演变成草本植物,草本植物具有更强的适应性。

植物发展新时期:约160万年的第四纪开始,由于冰川的多次袭击,导致了人类的产生。人类不断地认识、利用和改造植物界,从采集植物到栽培植物,从选种到杂交育种,从细胞水平到分子水平上改造特种,人类在改变自然的斗争中,将得到更大的自由。

在20多亿年前,大气中氧浓度较小,当时的硫细菌和铁细菌将可溶的二价铁离子 Fe^{2+} 氧化为三价铁离子 Fe^{3+} 生成的 Fe_2O_3 沉淀于水中,形成铁矿。例如,中国东北和华北条带状含铁石英岩(鞍山铁矿)可能就是铁细菌的作用形成的。

在太古代和元古代的地层中,过去很少发现化石,称为哑地层。近几十年来,在前辰旦纪的地层中,应用电子显微镜观察到一些微小的古生物或大生物体的某些微小部分的化石,如有孔虫、放射虫、疑源类、牙形石等化石。元古时代的细菌、蓝藻化石等,在35亿年前已经存在了,它们真实地记录了原始生命的自然历史,为研究生命的起源提供了可靠的依据。

藻类植物产生之谜

距今35亿～18亿年前,地质史上包括太古代后期至元古代前期。这个时期的生物主要是细菌和蓝藻等原核生物,所以叫菌藻时代。

菌藻最初的构造非常简单,它们生活在原始海洋中,直接摄取周围的有机物,依靠无氧发酵获得能量,它们是一种厌氧异养生物。

原始海洋中的有机物逐渐消耗,原始生命为了生存产生了一类光合细菌。它含有铁蛋白和绿色素酶,能以无机物作还原剂进行光合作用制造有机物进行自养生活。但它不能分解水,也不放出氧气。光合细菌的光合作用需要消耗大量的无机物质,为了适应这一特殊的环境,一种能在无氧大气中生长的原始藻类问世了,它就是蓝藻。蓝藻体内有了叶绿素,可以利用大气中的二氧化碳,通过叶绿素制造有机物,并且放出氧气。这一进化标志着植物性光合作用的产生,完全的自养植物诞生了。

随着自养蓝藻的产生和发展,大气中的氧浓度增加,并在高空逐渐形成臭氧层,阻挡了日光中紫外线对地球的直接辐射。因此,生物的光合作用改变了整个生态环境,改变了自然界无氧死寂的状况。

生命在无氧的条件下产生,适应于无氧环境生活区,大气中产生的氧对它们有一定的破坏作用。一些生物为了适应有氧的环境,通过长期的变异和选择,终于产生了有氧呼吸的功能,实现了生命历史上的又一次巨大突破。

自养生物的产生,使早期的生物具备了自养和异养、合成与分解两个环节,形成了一个完整的生态体系。自养的蓝藻把无机物合成为有机物,供自己和异养生物的需要。异养的细菌从蓝藻中获得食物,又把有机物分解成为无机物,反过来为蓝藻提供了原料。这样,蓝藻和细菌作为当时生物界的合成者和分解者,组成了物质循环的两个基本环节,形成一个统一的菌藻生态系统工程,这是生物早期进化的又一个重大跃进。

距今 18 亿~5 亿年前,包括地质史上的前辰旦纪、寒武纪和奥陶纪。这个时期地球内部活动趋于缓和,海陆区分开始明显,海洋面积进一步扩大,气候也逐渐温和。这些条件为真核生物中的藻类创造了产生和发展的有利条件。

在原始海洋里,单细胞的原核生物经过亿万年的不断分化、增殖,逐渐进化为各种单细胞或多细胞的真核藻类。它们大量繁殖,逐渐进化为各种单细胞或多细胞的真核藻类。它们大量繁殖,不仅有单细胞体,也有多细胞丝状体,甚至更为复杂。它们因所含的色素不同,而分为蓝藻、绿藻、红藻,各种色彩的藻类空前繁盛,给单调的海洋增添了美丽的景色。所有藻类都含有叶绿素,所以叫低等绿色植物,藻类的出现和发展,为陆生植物的出现奠定了基础。

藻类植物在植物发展史中时间最长。可以说,没有藻类植物就没有陆生植物的产生。藻类植物成为当时海洋中的主要生物,它为一些原始动物如珊瑚、软舌螺、水母等的出现和生存准备了充分的食物来源。

陆生植物蔓延之谜

沧海桑田,海陆更替。距今约 4 亿年前(志留纪末期)地壳的剧烈运动,

使海洋面积缩小,陆地面积相应增大。水陆两种截然不同的环境促使一部分生活在岸边的绿藻生长,在海水退潮和涨潮的交替过程中,逐渐适应了环境,拿下了陆地,进化为陆生植物。绿藻是植物进化的主干,成为陆生高等植物的祖先。

地球上最早出现的高等植物是裸蕨植物。它在陆地上的出现,使荒凉的大地披上了绿装,从而打破了20亿年生物水生生活的局面,揭开了陆生生物大发展的序幕。

最原始的裸蕨植物是顶囊蕨,发现于晚志留纪地层中。它植株非常矮小,约10厘米高,茎粗不到2毫米,两叉分枝,无叶,表皮细胞近圆形,有角质层和气孔。裸蕨植物进一步发展,分化为石松植物、楔叶植物和真蕨植物。

蕨类植物在长期适应陆地生活的过程中,产生了维管束,并具有根、茎、叶器官的分化。叶中的叶绿素能进行光合作用,制造有机物。根从土壤中吸收水分和无机盐,维管束则输送水分和养料。植株表面具有表皮、气孔,既保证了气体的交换,又防止了水分的丧失。从而解决了植物登陆的水分供需矛盾,为蕨类植物的大发展奠定了基础。

大约在3.5亿~2.7亿年前的泥盆纪到二叠纪期间,大气中的含氧量增加,气候湿润,云层密布,地面上二氧化碳浓度增加,土壤肥沃,非常适宜蕨类植物的生长和发展。

到泥盆纪晚期和石炭纪初期,蕨类植物的进化十分迅速,它们更能适应陆生环境。在这一时期,出现了巨大躯干的石松类植物:如鳞木和封印木、楔叶类的芦木、真蕨类和种子蕨,它们共同组成古代的沼泽森林。木本石松种类繁多,鳞木高达30~40米,直径达2米,叶片长1米,它们在北半球热带地区形成一个庞大的类群。随着2亿多年前的古生代的结束,鳞木类和封印木类很快地衰亡了。

1亿多年前的三叠纪已出现草本石松植物,但进化缓慢,一直残存至今。如石松、卷柏,它们大多数分布在热带,部分生长在温带和寒带的酸性土壤中。

残存的楔叶植物有问荆,它是芦木的后代。现代的真蕨有观音座莲、水龙骨、槐叶萍等植物。

但是,尽管蕨类植物有根、茎、叶的分化,体内有完善的维管束,其受精作用仍然没有摆脱对水的依赖。因此,它们的发展仍受到相当的限制。当中生代干燥气候来临时,它们的绝大部分种绝灭了。

恐龙时代植物探秘

距今 2.2 亿～0.7 亿年的中生代,包括三叠纪、侏罗纪和白垩纪,为海陆交替的地质时期。这个时期生物界的特点是继续向适应陆生生活演化。距今 1.8 亿年的侏罗纪时期,全球气候比较一致,热带和温带的气候相差无几,除接近赤道地区较为干燥外,很多地区比三叠纪温暖而湿润。这时期裸子植物生长十分繁茂,如松柏类的羽彭、苏铁类的侧羽叶、古银杏等生长更加繁茂。它们逐渐取代了蕨类植物,组成了茂密的森林,统治了植物界。

侏罗纪时期的动物界中,爬行动物迅速发展,种类繁多。恐龙的发展达到顶峰,成为动物界的霸主,占据了地球表面的空间,空中有飞龙和翼龙,海中有蛇颈龙和鱼龙,陆地上有协龙和剑龙,所以称中生代为裸子植物和爬行动物时代。

裸子植物经过长期演化,由低等的种子植物向高等的种子植物进化。裸子植物体内的输导组织和机械组织更加完善。进行有性生殖时,不再产生游动精子,可借助花粉传播与卵细胞结合,形成种子,从而完全摆脱了繁殖过程中对水依赖。生殖器官的进化,使它更能适应陆生环境而更加繁茂起来。

最原始的裸子植物是种子蕨。由种子蕨发展为苏铁和本内苏铁以及习麻藤,另一条发展为科达类、银杏和松柏类植物。中国在石炭纪、二叠纪时期,种子蕨数目之多是惊人的,但到中生代晚期绝灭了,现在只能在地层里找到它的化石。

裸子植物苏铁(又名铁树),是一类原始的裸子植物。在北方较冷的气候环境中,一般不易开花。本内苏铁出现于二叠纪,到白垩纪铁树出现于石炭纪中期,到二叠纪晚期广泛分布于全球。此树是一种高大的乔木,其树干粗直,高达 20～30 米,直径可达 1 米多,上部分枝很多,形成树冠。

银杏类植物出现于二叠纪早期,侏罗纪时期在北半球最为繁盛,种类繁多,是一种落叶乔木,高达 30～40 米,直径达 3 米左右。到新生代数量大减,经第四纪冰河期,银杏仅在中国幸存下来,因此被称为“活化石”。

松柏类植物是裸子植物中分布最广、种类最多的一类植物。它比银杏更加进化,在中生代晚期最为繁盛。

水杉是一种裸子植物,也是著名的活化石植物之一,最早的水杉化石发现在中生代早白垩纪地层中,距今有 1.4 亿～1.2 亿年。到了第三纪,水杉家族有了很大发展,已知就有 10 多种,并广布于欧亚大陆及北美洲。但到了第四纪冰川来临时,水杉属植物因受不了严寒的袭击,绝大多数都已绝灭,只有在中国的四川、湖北和湖南三省交界处幸存下来一种。

被子植物统治的时代

从白垩纪到今天约 1 亿多年期间,正是被子植物进化的历史。现在,被子植物已统治了整个植物界。被子植物分布极广,它的生活习性多种多样,适应性很强,可以在各种环境中生长。高山、平原、沙漠、盐滩,从热带到寒冷地区都有它的足迹。

从白垩纪末期到第三纪中期,由于造山运动的不断发展,相继形成了阿尔卑斯山、喜马拉雅山、落基山和安第斯山等山系。新山系的形成,使海水退却,沼泽干涸,气候趋向干冷,大陆性气候出现,被子裸子植物逐渐衰败。

被子植物在演化过程中,不断受到大陆性气候的影响,产生了一系列更适于陆生生活的结构。如输导组织演化为导管和纤维两种细胞,大大提高了输水功能和支持本身的机能,成为最高等的维管植物。被子植物的花出现了双受精作用,使植物本身更加富有活力,更能征服陆地,适应变化多端的陆生条件,成为登陆最成功的植物和植物界的统治者。同时,风和昆虫和传粉,鸟兽对种子的传播,人类的活动,也加速了被子植物的发展。

被子植物在漫长的进化过程中,出现了两大类群,由双子叶植物逐渐分化出单子叶植物。早期的被子植物绝大多数是常绿乔木,如木兰、樟树、桃金娘等。以后逐渐发展成为灌木和草本植物,如泽泻、百合、水仙、稻、麦、香蕉等植物,它们都属于单子叶植物。

草本植物出现较晚,它们是一组年轻的、比较进步的、而且具有可塑性的植物。它们发展迅速,分布广泛,适应性强,还能控制开花期,如常见的一年生荷载石竹、菊花;粮油作物水稻、小麦、油菜等。

被子植物已成为今天植物界的主要角色,它是人类衣、食和其他用品的主要来源,昆虫鸟类和其他动物也随着被子植物的发展而昌盛。因此被子植物在生物发展的历史上具有非常重要的地位。

20 世纪 80 年代初期,科学考察工作者在澳大利亚东南部发掘出一块植物化石(现存于墨尔本市的国立维多利亚博物馆),经过鉴定证实,它是 1.2 亿年前世界上第一朵花的化石。1988 年,美国耶鲁大学的地质学家希基和生物学家泰勒,使用高分辨率摄影技术证实,这块化石是一部分植物枝条,它来自一株 15～30 米高的成熟植株上。它的花很小,不到 2.5 毫米,生长在变形叶片上,颜色呈棕色和略呈绿色。后来,通过对这块化石的综合鉴定,证实了泰勒的观点是正确的。这一发现证明了最原始的开花植物比人们原先推测的要低级得多。在此之前,科学家还找到了 1.3 亿年前的植物花粉,但没有发现花朵的残留物。

植物的生活环境探秘

植物在环境里生活,其生活过程中所需要的物质和能量只能从环境中索取。与此同时,又将体内不需要的能量和废物排往增大这种物质和能量的生物交换进程中,植物不仅受环境的强烈影响,甚至被改变,如温带地区的植物发生明显的季相变化——春季复苏、夏季生长繁衍、秋季果实累累、冬季休眠。反过来它们也在不断地影响和改变着环境。

植物的环境是指植物生活空间的外界自然条件的总和。人们通俗称它为植物的"家"。如水生植物以湖泊、海洋的水体或滩地为家;寄生植物以活的动植物机体为家。生活在高温高湿地区的植物,形成特有的雨林景观;生活在干旱、严寒沙漠里的植物,可以形成荒漠绿洲的景观。

绿色陆生植物的出现,使自然环境发生了巨大的变化。它们是地球上最大规模地把无机物转化为有机物、把光能转化为可贮存化学能的绿色工厂。科学家估计,陆生植物一年中能合成 16.6×10^9 吨有机碳。这些碳水化合物在植物体内又进一步合成脂肪、蛋白质等其他形式的有机物,从而促进了生物界的发展。如整个动物界,都是直接或间接依靠植物界才获得生存和发展的。

植物的生存对自然环境里的物质循环起了积极和不可替代的作用。它们在光合作用过程中,不断地释放氧气,补充了动植物和人类呼吸、燃烧等耗氧的不足,对保持大气中氧的平衡做出了贡献。细菌、真菌分解动植物尸体时(即矿化作用)释放出二氧化碳,动植物呼吸、火山爆发、物质燃烧等释放出二氧化碳,而植物在光合作用时利用了二氧化碳才维持了自然环境中碳的平衡。细菌和蓝藻能把大气中游离的氮吸收利用,转化为氮化合物之后,被植物吸收利用。动植物尸体被分解,经过氨化作用释放氨,供植物吸收利用。此外氨经过硝化细菌的硝化作用,成为硝酸盐而被植物利用,这是植物吸收氮的主要途径。同时在反硝化作用过程中,氮又回复到大气层中。植物就是如此协调自然环境里的氮平衡。

植物还以类似的方式,从土壤中获得矿质元素——磷、钾、硫、铁、镁、钙和各种微量元素,经过利用,这些元素返回给自然界。正是由于植物参与了自然环境里的物质循环,从而保证了大气层中的氧、二氧化碳和氮的平衡,并使整个自然界、包括生物和非生物界成为不可分割的统一整体。

自然环境因子知多少

剖析植物生存的环境,其自然环境因子大体上有三大类:气候因子、地理条件因子和土壤因子,而每一类又包含着若干因素。

气候因子。系指大气层中的氧、氮、二氧化碳和氢等气体的含量及变化;大气的温度和湿度的高低;大气压的升降;光照的强弱和光质量的变化;风、雨、雪和雷电的活动等。地球上这些因素的变化,是受太阳辐射所控制的。太阳辐射到地球上的日射角大小,决定着不同纬度的气候状况。科学家把赤道定为 0 度的纬线,赤道两侧至南北回归线($23°27'$的纬线)之间,因阳光直射或近于直射,得到的光热最多,故划归为热带。在南北极圈($66°33'$的纬线)内,因太阳斜射,得到的光热最少,被划为寒带。介于热带和寒带之间的地带,得到的光热亦介于二者之间,统称为温带。通常纬度每增加 $1°$,年平均气温就下降 $0.5℃$。

地理条件因子。同样包含着许多因素。诸如地球上的大气环流、海陆位置、陆地大小、陆地地形及所形成的垂直高差等。它们综合盐业对气候变化产生非常明显的影响。往往造就大气候环境中的局部小环境,出现了特殊的植物和植被类型。

土壤因子。土壤因子是植物生长的根基,为植物提供矿质元素和水分。

土壤有红壤、黄壤、灰棕壤、石灰质土、黑钙土、荒漠土砾、盐渍土、草甸土、沼泽土等之分。土壤的化学性质亦有不同,通常以 pH 值表示它的酸碱程度。植物在适应不同类型土壤的过程中,产生了一些特定土壤环境的指示植物。

在地球表面,每一个温度带和每一个地区,都生长着特定的植物群体和种类。在森林间、草地里,都有动物在活动、微生物在繁衍。它们彼此间有的互利互惠,如蚯蚓帮助植物松土,昆虫帮助植物传播花粉;有的相生相克,如胡桃树下草本植物就没有插缝之地;还有的则相互依存,如天麻与密环菌共生、中国兰与丝状菌共生等。动物、植物和微生物之间有关千丝万缕的联系,都是以植物进行光合作用所制造的食物的分配为纽带,组成一个可以自我协调的和谐群体。这个和谐的群体,在近代研究中被称为生态系统。

由于人类的活动对植物的生存环境造成了巨大的影响。例如人为的排水或灌溉、栽培植物的扩大种植、甚至大肆掠夺植物自然资源等等。因此,当人为因素加入到错综复杂的生物环境中时,就会起到主宰自然环境的作用。

绿色植物分布之谜

植物在地球表面的分布,除了取决于以热量和水分为主导的环境因子外,还取决于植物身躯对环境的适应和变异本领。在千百万年的自然选择过程中,生存竞争中的幸存者总是那些最能适应环境的植物种类,只有这种适应才构成了植物分化和进化的基础。在植物界中,不同种类的植物生长在相同(相似)的环境里,往往形成相同(或相似)的适应方式和途径。相反的,同一种植物的不同个体,由于散布地区的间隔,长期受不同环境条件的综合影响,于是出现了这种植物不同居群之间对不同环境的适应,以致使人们混淆了对它们的识别。

地球的陆地面积占地球总面积的 29%,有六块大陆——欧亚大陆、非洲大陆、北美洲大陆、南美洲大陆、南极洲大陆和澳大利亚大陆。在全世界现已命名入册的 34 万种植物中,它们的分布和适应范围有以下几种情况:

世界性分布:属于这种分布型的植物适应性很强,几乎可以覆盖地球表面的大部分地区,如陆生植物的菊科、莎草科、禾本科、豆科和藜科等,水生环境植物如浮萍、芦苇、香蒲和水烛等,除了南极洲大陆以外,其他大陆的内陆水域都可以见到它们。

泛热带分布:主要指那些广泛分布于东、西两半球中热带地区的植物,如棕榈科、桃金娘科、番茄子科、木棉科、兰科和豆科中热带分布的种类据统计。

温带分布:主要指广泛分布于欧亚大陆和北美温带地区的植物,如杨柳科、桦木科、蔷薇科、杜鹃花科、报春花科、山茱萸科、漆树科、虎五耳科和五福花科等。

特有分布:这类植物只限于分布在一个特定的范围内,如非洲撒哈拉地区的阿哈加尔山脉,这里有 40% 的植物为世界特有种。中国青藏高原地区的匣科植物马尿泡,是在青藏高原特定气候环境下产生出来的新特有种。

间断分布:亦称不连续分布,指同一类群的植物或者一种植物种群个体间,同时分布在几个地区彼此之间相距很远。如胡桃科的山核桃,既分布于东亚地区又常见于北美洲。

了解植物在世界的分布范围和规律,对研究植物的起源地和散布途径有重要意义,同时对研究世界植物遗传资源的保护地也有重要价值。

植被是地球表面植物的总称,而在普通地图上反映植物或植被分布的图称为植被图。最早的植被图雏形出现于 1447 年。1859 年德国植物学家发表了第一张真正的植被图,不仅用封闭曲线表示各类植被的分界线,而且图中还标明了热带雨林、亚热带季雨林、针叶林、常绿色阔叶林、萨旺纳疏林、草原、半荒漠、灌丛、干旱荒漠和冻原等,其中许多植被名称一直沿用至今。20 世纪,特别是第二次世界大战发展起来的航空测量技术,加快了植被野外调查的进度和成图周期。航空测量中大量采用彩色照片和雷达测量技术得到广泛应用后,提高了对植被航测资料的分辨率。遥感资料真实、准确,不仅覆盖面大、成本低,而且便于大面积植被制图工作的开展。近年来植被制图工作还采用了遥感资料分析与计算机图像处理相结合的技术,使制图的精确度和成图速度大大提高。

特殊生境中的植物

生境的含义有别于环境,它专指植物生长发育具体地段或者志气的环境因子的综合。每一种植物在长期的进化过程中,都形成了最适宜自身发育、繁衍的生境。植物离开了生境就生长不好，或者衰退，直到最后消逝。植物对生境的适应，在一定程度上，是植物与生境之间的相互适应：生境塑造了植物，同时植物也改变着生境。适应是植物与生境的统一的具体表现形式。人们对在特殊环境下生活的植物，往往给予一种特殊的赞美，或投以一种好奇的情感。

植物生长发育要求一定的温度，环境却偏偏要与植物作对，搞突然袭击，给植物短期超出常态的低温。寒害指零度以上的低温引起植物的受害。如骤然降温的寒流，使植物产生寒害。例如在海南岛栽种的热带植物丁香，当绝对最低温度降到 6.1℃时叶片呈水渍状，降到 3.4℃时顶梢干枯。橡胶树、槟榔树和椰子树等都易受到寒害。寒害是喜热植物北移的主要障碍。冻害指气温降至零度以下引起植物的受害，这时植物组织内部结冰，冰晶可以破坏原生质膜，蛋白质亦因低温带来变性而失去活力。霜害是经常发生冻害的一种形式。

山区气候中的逆温现象，是冷气团由山顶迅速沉降于山谷底部滞留起来，山谷愈深滞留的冷气团愈多。这一冷空气层，有人称之"冷湖"。在"冷湖"之上，温度逆增，形成暖带，这里是喜暖植物的安全带。如中国东北小兴安岭地区的红松和落叶阔叶混交林就分布在山坡上，喜冷的臭冷杉林却长在山谷里。

"焚风"现象是温暖而干燥的气流越过山顶，并沿背风坡下沉，干热气流每下降 100 米，平均气温约增高 1℃，因而在高山的山谷底部形成了高温中心。中国横断山地区的许多河谷都有焚风现象，肉质、常绿色、多刺的灌丛是河谷地区的主要植被类型。

高山植物一般生长在山地森林线（树线）以上、常年积雪带以下的地段，当你站在这一地域的时候，视野宽阔。鳞茎类的草本植物、肉质植物、根茎类苔草和禾覃等，似绿色毯般地覆盖在潮湿的地面上，姹紫嫣红的山花十分绚丽多彩。常绿色的木本植物，有的茎干曲曲扭扭，有的盘根错节，显示着它的艰辛和生命的活力。高约不过 50 厘米的灌木，有的落叶，有的常绿，它们一丛丛、一簇簇，布满在夹杂石砾的坡地或干燥地面……

高山环境中，强风频繁，日照强烈，使受曝光照射的地段急剧增温，这种增温比非日照地段的气温高出许多。例如中国西藏地区日照地段气温可达

20℃,非日照地段常年气温在 0℃以下。高山上空气清新,阳光成分中的蓝紫光和紫外线极为丰富。夏季,高山上时而下雨、时而晴空,一天中气温变化无常,昼夜温差亦大。有的高山缺乏土壤,只有裸石或碎砾屑等。高山气候夏季短而冷,冬季长而寒,高山植物在强风、烈日和低温下,形成了矮生和旱生的特点。如植物体垫状,莲座叶,全株披着浓密的茸毛,叶子小型化,叶表皮角质化、革质化或叶片肉质化等。高山植物年生产量很低,生命周期却很长,有的可达几十年至数百年。高山植物光合作用的生产率很高,在低温影响下只能进行营养生长,有的植物蓓蕾在冬眠时期形成,一旦冰雪融化,立即绽苞放花,其色泽特别鲜艳,有的植物甚至能在雪下开花。

极端环境下的植物生长探秘

极地指地球上纬度高于南北极圈的区域——北极大陆块和南极大陆块。那里阳光以散射光为主。由于极地的极昼、极夜现象,带来了极地的气候酷冷、多风和干燥的特点。

北极的绝对最低气温可达零下 88.4℃,遇到暴风雪,风速每小时可达 250 千米。即使在这样严酷的环境下,整个北极地区还有 1 500 多种植物,其中格陵兰岛约有 600 种,包括被子植物约 500 种,裸子植物仅有高山桧,蕨类植物约 31 种。它们都是耐寒的短命植物,在半年极昼期间生长期只有 4～5 个月。一年生植物尽早开花结果,多年生植物通常要经过漫长的休眠生活。

南极面积约 1 400 万平方千米,98％被冰雪覆盖,仅沿海地区为季节性雪盖区。这里的气候比北极更严酷,迄今未见木本植物。在这里生长的植物,常以雪被为掩体,雪有多厚,植物就有多高,没有雪被的石质地面仅有地衣生存。极地是苔藓、地衣植物生长繁衍广阔天地,它们给世界带来了勃勃生机。其中艳丽的地衣为岩石披裹着盛装,形成斑斓的“石面植被”;苔藓为阴湿地面编织绚丽的地毯;有时藻类植物也参加进来,三者共同编绘出极地上最美的植被图案。

沙漠只是荒漠中的一种类型。荒漠环境的特点是降雨稀少,年降水量一般不超过 250～300 毫米,或更少。这里日照强烈,蒸发极强,极端干旱,风沙大土壤瘠薄,缺乏有机质。荒漠在地球上所占面积很大,热带、亚热带和高寒山区均有荒漠存在。

生活在荒漠中的植物稀少，一般都是超旱生植物。在热带、亚热带荒漠中，主要是仙人掌类和大戟科的肉质植物，或为一些有刺的灌木丛，如滨藜属、红砂属植物。在沙漠中广为分布的有麻黄、沙冬青和沙拐枣等植物。小乔木状的琐琐和白琐琐成为温带荒漠特有的植物。生长在这种严酷环境中的植物有的根系非常发达，常常深达 10～15 米。根系细胞的渗透压为 100～160 个大气压，土壤中持有的极少量水或地下水都能被它吸收。地上部分叶面积缩小或成为无叶类型，有的叶子完全退化变成刺状，由茎行使光合功能。

在欧亚大草原中，有一类植物，当种子成熟之后，地上部分与根自动脱离开，并随风在草原上滚动，在滚动中撒播种子，自身的枯茎破碎分散于草原，从而避免残落物的堆积而妨碍细小植物的生长。

沙生植物中，有很多种植物根部有根套。这种根套是根系被一层由沙粒固结的囊套包括着，当根套被风蚀无情拖出沙面时，可以保护根系不受沙粒灼伤和流沙的机械损伤，同时也可减少根系蒸腾和因反渗透而失水。

盐生和水生植物生存之谜

在许多草原、荒漠或沿海滩涂，由于地面强烈的蒸发，常常使盐碱聚集构成盐结皮的土壤环境，当土壤中的含盐量达到 0.5%～1.0% 时，大多数植物都不能生长，只有那些不畏盐碱的盐生植物才能适应这种独特的生境。

各种盐生植物都有各自的抗盐本领。例如滨藜、碱蓬等，它们从土壤里大量地吸收可溶性盐类，忍受氯化钠的浓度达 6% 甚至更高。它们所吸收的盐全部积累于体内，故称为聚盐植物。又如生长在碱滩或草原上的补血草、柽柳以及海边的红树及大米草等，它们吸收的盐分并不存留在体内，而是通过密布在叶子表面的分泌腺，把过多的盐分排出体外。

抗盐植物，也称不透盐性植物，如蒿类植物、盐地紫菀和凤毛菊等。它们的根细胞内积累了较多的可溶性有机物质，如醣、有机酸和氨基酸等，细胞的渗透压很高，盐类的透过性很小，水分则能顺利地进入植物体。这类植物只能在轻盐渍化土壤中生活。

长期生活在水中的一些植物，都有一套适应水生环境的本领。水中的氧气含量很低，常常只有空气中的二十分之一。要想在水里不被憋死，有些水生植物具有一套发达的通气组织系统。如莲、凤眼莲等植物的叶柄和地下茎中,有许多大大小小的气腔,叶上还有许多气孔。空气中的氧气通过气孔进入叶柄,最后再扩散到下面的地下茎,这样就保证了它们的呼吸代谢的需要。

在水生植物中,有的种类既有浮生叶又有沉水叶。浮生叶靠叶柄膨大形成气囊,里面含有大量空气。它可以随着水的高度始终漂浮在水面。沉水叶呈羽状细裂,以尽量减少水流的阻力。生活在水底的金鱼藻,称为沉水植物。它们的根系及输导组织都不发达,叶子柔软呈细条状,表皮没有角质层和气孔,其茎叶都含有叶绿素,在水底微弱的光线下,仍能进行光合作用。它们在水中生长发育和传宗接代,因此是典型的水上人家。

芦苇和香蒲是挺水植物,它们的地下茎或根系生于水底淤泥中,植株的上部和叶子挺出水面。这类植物是水生和陆生之间的过渡类型植物,多分布在浅水处,常在河塘沿岸形成群落。

附生和寄生植物探秘

在热带雨林、亚热带季雨林和气候湿润的山地森林里,树皮和枝丫上常常长着许多形体小巧的植物。其中有苔藓植物,犹如棉衣穿在树干和树枝上,形成了苔藓林景观;地衣植物中的线型松萝,如同树的胡须随风飘荡;雨林里的兰科、萝科等植物,种类繁多,附生在树干上,姿态动人;蕨类植物在雨林里也是别具魅力,鸟巢蕨高高地骑在树丫或悬挂在树干上。所有这些都是附生植物,它们与被附生植物之间,没有营养物的争夺和根本分配问题,只在空间定居上有着紧密的联系。它们在林内潮湿的气候下,充分利用积留在树皮等处的风尘物和落叶分解物。由于热带雨林内的气候非常湿热,附生植物长得非常娇嫩,花朵鲜艳,色彩丰富。

雨林植物是指在高温高湿条件下生长的一类森林植物的总称。这类植物主要分布在热带地区,这里年降雨量在 2 000～4 000 毫米之间,空气相对湿度为 90%,年均气温 25～30℃,四季如夏。如此得天独厚的气候条件,使得雨林中的植物种类十分丰富,群落结构复杂。在雨林中,光照成了各种植物相互竞争的主要因素,它们都试图以高度取胜。在热带爪哇,生长 10 年的金合欢可长到 35 米高;中国云南西双版纳的望天树,一般高为 40～60 米之间,最高者可达 80 米,并且多分布在较陡的山坡上。雨林植物多有板根,像给树添加了一付固定的支架。

在植物界中,有一类高等植物从不制造或很少制造养料,它们却依靠吸器从另一些植物身上吸取营养,过着好逸恶劳的寄生生活。最典型的寄生植物是旋花科的菟丝子,属于菟丝子这个属的约有 170 多种,广泛分布于世界热带至温带地区。菟丝子幼苗期虽能进行光合作用,自行制造营养,但植株发育成熟以后,细线状的茎盘旋缠绕在寄主植物的茎枝上。菟丝子的茎上生有无数个吸器,伸入寄主植物的茎内或叶柄内,从它们体内吸取现成的有机养料。寄主植物(如大豆)常因菟丝子寄生而奄奄一息。

寄生植物通常依据营养方式的不同,分为半寄生和全寄生植物。前者除了菟丝以外,还有槲寄生和无根藤等植物。后者如列当、独脚金等,它们多为草本植物,形体矮小,叶片全部退化,全身均无叶绿素,完全失去了光合作用的能力。它们常寄生在寄主的根部,吸取生活所需的养料与水分。

植物、环境、人类

植物界是整个生物界的一部分,植物分布的范围遍及地球的每一个角落,特别是重要的经济植物资源,在 7 000～10 000 年以前发展起来的农业中,更与植物界密不可分。但是,人口数量的增加和人类迅速发展起来的现代科学技术生产,已经危机到包括植物在内的生物界及它们赖以生存的环境。可耕地的表土流失、耕地严重盐渍化和沙漠化、森林面积的减少、大气中臭氧层遭受破坏、二氧化碳及其他有害气体在累积、温室效应等等,都已经成为突出的问题。这些全球性的环境问题可归纳为:人口危机、资源危机、能源危机、粮食危机和环境危机,它们都直接或间接地与植物有着密切的关系。

植物是人类生存环境的保护神,近代迅速发展起来的工业化和城市化,造成自然环境恶化和工业污染。工业生产过程中排放的废气、废水、废渣及其他剩余物质,农药和化肥等激素类物质的超剂量使用,导致大气、水域和土壤受到污染,改变了原来自然环境的物质组成,影响到植物与自然环境间物质供求和生态平衡关系。在长期的自然选择过程中,植物在所忍耐的限度内适应环境所具备的可塑性,是监测环境和保护环境的能手。如凤眼莲既可吸收水域中的放射性污染物和重金属元素,又可对水体中的砷元素进行检测,它在含砷的水中两个小时,叶片尖端就会出现受害症状。都市化的噪音污染,同样是通过绿化林带、绿色篱笆和草坪予以阻隔,以减少或降低噪音对人体的危害。因而植物有"人类生存环境的保护神"之美称。

全球性的五大环境问题,自 20 世纪 80 年代起就引起各国自然科学家的重视。国际自然与自然资源保护联盟已发出警告:从现在起若不加以注意,在未来的 30～40 年内,将有 6 万种植物可能绝灭,或者遗传基因严重流失。地球上曾发生多次自然环境的大变迁,许多生物物种成为牺牲品,被保留下来的幸存者被称为活化石。现在除了全球对现存植物种类采取保护措施外,还利用高科学技术手段,建立起植物特种质基因库,以便用更多的方式贮存更多的植物基因,维护人类社会经济的持续发展。

植物与环境间的相互作用,直接与人类的生存和社会经济发展有关。如全球的温室效应,将对穷国危害最甚,其原因在于:全球变暖有利于中纬度和高纬度地区国家的植物生长和农产品增产,而赤道附近的低纬度地区的国家,气候变暖将改变农作物品种,增加灌溉强度。1992 年 6 月,在巴西里约热内卢召开的联合国环境与发展大会上,有 118 个国家的元首或政府首脑出席会议,会上签署了五个重要公约——《生物多样性公约》、《气候变化框架公约》、《地球宣言》、《21 世纪议程》及《关于森林问题的原则声明》,这些《公约》中都把植物保护摆到了重要的位置,此次大会将给解决全球性的环境问题带来希望。

植物与人类生活

绿色植物是人类的伴侣。无论在餐桌上、在居室里,在教室上课和机关、工厂上班,还是参加各种文化活动,参观展览,户外散步或是去景色宜人的山川旅游,时时处处都有形形色色的植物和它的加工产品陪伴着我们。只要留心观察一下,奇妙的植物世界与我们的生活紧密相连。没有植物就没有人类、没有生物和广阔的自然界。保护植物就是保护我们人类自己。

绿色植物伴随着人类经历了几千年的文化历史,人类依靠植物创造出丰富多彩的社会文明和物质财富。

绿色植物是人类的保姆,也是人和动物生命的源泉。我们的生活起居,衣食住行,时刻都在与植物打交道。植物把大自然打扮得千姿百态,把山山水水装点得五彩缤纷。植物产品的营养物质,哺育了鸟兽虫鱼,使大千世界生机焕发,繁衍昌盛。

人类生活离不开植物性食品,植物也是植食性动物的营养源。就是我们吃的肉食,也是动物以植物作食物再生的。植物处于生物食物链的第一营养级。

为满足人们身体营养的需要,每天需要摄取许多种食物。人类所吃的食物有几百种,加工的成品食物不计其数。据营养学家介绍,每餐的食谱应由 15～20 种食物组成,这样人体健康就会有保障。

大部分国家或地区是以大米、面粉、玉米、马铃薯、豆类为主食,有些地区还生产木薯、红薯、香蕉、魔芋等产品。这些粮食作物可以加工出成千上万种食品、饮料,满足各种饮食习惯的需要。

小麦是禾二年生草本植物,为世界最重要的谷物。小麦栽培有 1.5 万年的历史,全世界有各类小麦良种几万个。在中国青藏高原曾创造了亩产 950 千克小麦的世界纪录。

水稻栽培面积广泛,世界上有一半人口用大米作主食。中国、印度和东亚热带地区是水稻的生产中心。水稻栽培有 7000 多年的历史。

玉米原产美洲大陆,公元前 2000 年在北美已广泛栽培,是墨西哥、秘鲁、玻利维亚居民的主食。中国从 16 世纪开始种植玉米。

谷子和黍都是禾科一年生作物,是温带干旱地区的重要粮食作物,中国有 5 000 年以上的种植历史。

高粱也是禾本科一年生作物,原产非洲埃塞俄比亚,公元前 4 世纪传入印度,以后传入中国和欧亚各地。它是非洲和印度一些地区的主食。

世界各国都培育出成百上千个适宜当地条件栽培的优良粮食作物品种,它们是人类发行自然的伟大成果。

六、探索植物之谜

紫菜和海带繁衍之谜

在藻类植物中,有两种红藻门的植物为人喜食,它们是紫菜和海带。

红藻门除少数属种生长在淡水中外,绝大多数的属种生长在海水中。红藻约 3 500 种,多数种类呈红色以至紫色,少数为蓝绿色。贮存养分是红藻淀粉和红藻糖。有性生殖全为卵式生殖并发展到相当高级的程度。生殖细胞不具鞭毛,生活史较复杂,多数属种有明显的世代交替现象。

紫菜是红藻类的一种藻类植物,藻体是薄膜质的叶状体,有的叶状体呈卵圆形、有的呈披针形或圆形,因颜色紫红或紫褐而得名。

紫菜生长在温带和亚热带浅海潮间带岩石上,靠假根丝固着岩石。紫菜含有丰富的营养,深受人们喜爱。中国海洋生物学家曾呈奎等人搞清了紫菜繁衍的全过程,为人工养殖紫菜奠定了基础。

大紫菜的收获期是晚秋至初冬时节。它由秋型小紫菜产生的单孢子萌发而成,或者由秋型小紫菜直接长成大紫菜。这个时期为紫菜叶状体阶段。

春季至夏季,表层水温达 15 摄氏度左右时,大紫菜生成性器官进行有性生殖产生果孢子。果孢子成熟后脱离母体,钻入贝壳发成丝状体,在贝壳里蔓延。水温达 20～27 摄氏度时,丝状体产生壳孢子。这是紫菜的度夏阶段。

晚夏到秋冬,在较深的水层中可找到由壳孢子萌发的小紫菜,它产生单孢子,孢子又萌发为小紫菜,周而复始,不断产生亦不断死去。直到秋季水温降到 22 摄氏度左右时,单孢子所形成的小紫菜才为秋型小紫菜。

食用海带是褐藻门 1 500 种成员中的一种。它的孢子体为一叶状体,并

可明显地区分为固着器、藻柄和藻片三部分。其中藻片长为 2～4 米、宽 20～30 厘米,最长可达 5～6 米,宽约 50 厘米,是寒温带海域的一种大型藻类,主要生长在潮下带 2～3 米深的岩石上。海带经人工养殖后,每亩可收获鲜海带 1 500～2 000 千克。海带除可食用外,还可生产褐藻酸钠、甘露醇、碘以及褐藻胶等。在食品工业上,常以褐藻钠代替淀粉,加入冰糕、冰淇淋、巧克力、糕点和面包等,效果良好。在医药方面,褐藻胶有止血、代血浆和阻止、减缓人体肠道系统对放射性同位素的吸收作用。海带也是纺织、橡胶、造纸、电子和建筑工业都不可缺的原料。

特色藻类植物探秘

发菜和地耳是人们的副食佳品,硅藻则是人们常见的建筑制造业的原料。

发菜和地耳的蛋白质含量一般为 20％～25％,有较完全的氨基酸和多种维生素,故中国人很早就将它们列为传统的副食佳品。

由于发菜与"发财"谐音,在亚洲的东南亚地区颇受欢迎,是宴请宾客的必备佳肴。发菜因藻体呈毛发状而得名,往往绕结成团,最大藻团直径可达 0.5 米,棕色,干后棕黑色。在年降雨量只有 80～250 毫米之间的干旱和半干旱地区,发菜生长良好。中国的内蒙古、宁夏、甘肃和青海是主要产地。蒙古、法国、英国、墨西哥、索马里和阿尔及利亚等国家和地区也有分布。

地耳呈暗橄榄色或茶褐色,干后黑褐色或黑色,形体酷似真菌植物中的木耳,但两者不是一个家庭中的成员。地耳生长在山岳和平原的岩石、沙石、沙土、草地和田埂等处,在向阳而稍潮湿的地方生长旺盛。世界各地都有它的踪迹,即使在气温低于零下 30 摄氏度的南极,也不放弃生存的机会。

硅藻的名字,来源于它们的细胞壁含有大量的结晶硅。硅藻的形体犹如一个盒子,它由一大一小的两个半片硅质壳套在一起。在显微镜下,壳的表面纹饰真是一个巧夺天工的万花筒世界,有的花纹左右对称或辐射对称。花纹有条形、乳头形及凹陷等,构成了各种各样的美丽图案。单细胞的硅藻为圆盒形、六角形、多角形等。硅藻还可借助胶质黏结成群体,形态同样迷人,如有扇形、链条状、星状等,真是千姿百态、美不胜收。

硅藻约有 8 000 余种,分布广泛,是水中浮游植物的重要成员,它们对渔业及海洋养殖业的发展起了至关重要的作用。大量硅藻遗骸沉积海底形成硅藻土，是化学工业极好的吸附剂及催化剂的载体，也是建筑磨光、隔热、隔音、造纸、橡胶、化妆品和涂料等的原料，化石硅藻在石油形成和富集中做出了重要贡献。美丽的硅藻还为工艺美术、纺织印染及食品工艺提供了大量的参考图案。

地衣监测环境之谜

地衣的体态也很有趣：有的衣体与着生基层紧紧相贴，很难剥离开来，这类地衣称为壳状地衣。如茶渍衣紧贴着岩石，文字衣紧贴树皮。

有的衣体呈叶片状，被称为叶状地衣。这种衣体易从着生的基物剥离，如地卷、石耳和梅衣。梅衣叶状体边缘有许多分叉的裂片，附贴在地上，像一朵朵盛开的梅花。

有的衣体呈树枝状，称为枝状地衣。松萝属这一类地衣，一般悬垂在树枝上且很长，它们随风飘荡，在中国东北地区人们称它为"树胡须"。

当然在这三种形态类型中，也有不少是中间类型的，如石蕊。有些地衣可撮石蕊以制备化学实验中的石蕊试剂。

绝大多数地衣含有地衣多糖、石耳多糖等，有较高的抗癌作用。少数地衣可供食用，并为高山和极地兽类的食料。地衣酸是地衣的重要代谢产物，已知地衣酸有 150 多种，它可以使岩石逐渐风化解体，对土壤的形成起着一定的作用。

地衣对大气中所含的二氧化硫等有害气体反应十分敏感，是鉴别大气污染程度的指示性植物。在城市和工矿业生产区，地衣几乎绝迹，形成了通称的"地衣荒漠"。这一自然现象得到科学家的重视，用地衣来检测环境的大气质量。科学家以地衣荒漠为中心，向周围展开调查，直到正常的地衣带的出现。他们记载调查地区的地衣种类、每一种地衣的盖度和生长指数，来确定不同地区或地带的大气纯净指数。大气纯净指数越高，则大气污染程度越低。也可将特定种类的地衣，从非污染区移至污染区，定期观察它的生理衰变过程。地衣作为"监测器"灵敏、经济，并具有明显的公众监督意义。

绝大多数地衣生长都非常缓慢，要几年才长到几厘米，但是它们的寿命极长，在寒冷的南极和北极更是如此。科学家用从冰川砾石堆中找到的石生壳状地衣为标本,测量出地衣的直径,以此推算出地衣的年龄,进而估计出冰川的退缩和稳定时期。近年来,科学家研究生长在北极圈附近的格陵兰岛的某些地衣,通过仪器测试和其他推算方法,证明它们的年龄达 1 000~4 500 年。因此,有人又利用地衣推测古文物和古代文化足迹的年代。

蕨菜可食之谜

在镜泊湖山区茂密的大森林里,生长着红松、黄菠萝等珍贵的树木,在森林的边缘及荒坡、野地上,还生长着一百多种野生蔬菜,山蕨菜就是其中的佳品。据考证,古人所食蕨菜主要是真蕨亚门、蕨科、蕨属植物蕨。

蕨类植物分布在温带地区,喜光,常生长在稀疏的林中或开阔的山野上,在森林砍伐后的草地上,往往有大片的蕨生长。若阳光充足、温度较高,蕨可以长到 1 米以上。宽大的三角形羽状复叶长达 60 厘米,宽达 45 厘米,从在土壤中横生的根状茎上生出。

蕨菜是草本植物,俗称龙头菜、龙爪菜、猫爪子菜,又被誉为吉祥菜。蕨菜幼嫩的苗是食用部分,它小而尖,卷曲地向内弯抱着,形似猫爪状,呈青绿色,成熟后便伸开,叶柄黄褐色。蕨的根状茎含有大量淀粉,食用价值较高,可加工成营养丰富的滋养食品——蕨粉,因此又被称为饭蕨。

蕨类植物中有许多可以食用的种类,最著名的是被誉为山珍的蕨菜。中国人食用蕨菜的历史可以追溯到 2 000 多年以前,古人诗句中常出现对蕨的赞颂,如"陟彼南山,言采其蕨"(《诗经·召南》),"溪叟旋分菰米滑,山童新采蕨芽肥"(陆游《赠石帆老人》),"石暄蕨芽紫,渚秀芦笋绿"(杜甫《客堂》)。

清朝时,蕨菜被列为贡品,每年选择"茎色青紫,肥润"的蕨菜,晒后贡奉朝廷。

明代王象晋在《群芳谱》中写道:"蕨,山菜也。二、三月生芽,卷曲状如小儿拳,长则展宽,如凤毛,高三、四尺。茎嫩时无叶,采取以灰汤煮去涎滑,晒干作蔬。味甘滑,肉煮甚美。荒年可救饥,皮肉捣烂,洗涤取粉。"

蕨菜幼嫩的叶茎是别具风味的佳品,炒食、煮汤、烩拌、盐渍,清淡鲜美。用热水烫后可鲜食,也可晒成干菜或用盐渍长期保鲜。蕨菜营养丰富,除含淀粉、脂肪、蛋白质外,还含有维生素 A、维生素 C 和磷、钙等。每百克蕨菜

嫩叶中含胡萝卜素 1.04 毫克、维生素 $B_2$0.13 毫克。

蕨的全草还可以入药,有祛风、利尿、解热的功效。蕨菜含有野樱甙、紫云英甙、蕨甙、蕨素、琥珀酸、生物碱等化学成分,可治疗风湿关节炎、痢疾、咯血等病,外敷还可治疗湿疹和蛇虫咬伤。熟知的药用蕨类植物有贯众、金毛狗、问荆、瓦韦、石韦、海金沙、槲蕨、荚果蕨、卷柏、凤尾草等等。

蕨类植物中也有现代流行的观叶植物,如鸟巢蕨、铁线蕨、肾蕨、银粉背蕨等。

由于蕨春天刚长出的嫩叶芽具有特殊的清香味,又生长在远离环境污染源的山林中,因此在蔬菜丰富的今天仍不失其魅力,甚至经常出现在高级饭店的餐桌上。

满江红增肥稻田奥秘

农田中的杂草一向被视为作物的大敌,但是在中国的江南水乡,农民们却希望自己的稻田中生长出叫做满江红的一种水生杂草,甚至于特意在水田中放养这种植物。稻田中生长着满江红,不仅可以增加稻田的肥力,还能抑制其他有害杂草的生长,使水稻增产。

满江红是一种水生蕨类植物,别名鸭并草,亦称红苹、绿苹。属于真蕨亚门、满江红科。这一科只有 1 属、6 种,几乎分布在世界各地的淡水水域中。中国原产的只有满江红一种,分布在秦岭以南各地。

满江红是小型漂浮植物,根状茎横走,羽状分枝,向水生出须根,叶小型,无柄,互生,卵形或斜方形,长约 1 毫米,全缘,上面绿色(秋后变红色),肉边缘膜质;孢子果成对生分于枝基部的沉水裂片上;小孢子果大,球型,果内含 64 个小孢子;大孢子果小,长卵形,果内含 1 个大孢子;成熟期 9～11 月。

满江红的相貌独特,看上去像一团粘在一起的芝麻粒浮在水面上,水下有一些羽毛状的须根。仔细观察还会发现,这些小芝麻粒就是满江红的叶:它们无叶柄,交互着生在分枝的茎上,又好似一串串小葡萄。每一片叶都分裂成上下两部分。上裂片绿色,浮在水上;下裂片几乎无色,沉在水中,上面生有大、小孢子果,分别产生大、小孢子。

满江红能增加水田的肥力的奥秘就在它那芝麻粒大小的叶子中。在满江红叶的上裂片下部,有一空腔,腔内有一种叫鱼腥藻的蓝藻共生。这种

蓝藻并不白住在满江红的体内,它通过自己奇特的固氮本领,将空气中的氮素变成"氮肥"供满江红享用,使这种水生蕨类植物成了赫赫有名的绿色肥源。

满江红除进行有性生殖外,还能通过侧枝分离进行营养繁殖。环境适宜时,满江红生长和繁殖十分迅速,因而尽管其体形小,通过极大的个体数量仍能布满整个水面,就好像在水面上覆盖了一张红地毯,景色十分动人。

满江红不但可以作为稻田的优良肥源,还可以作为鱼类和家畜的饲料,因而可以在生长着满江红的水面中养鱼,周围可以放养家禽。它的全株入药,有发汗、利尿、祛风等功效。

冷杉珍贵之谜

中国是世界上裸子植物种类最丰富的国家之一,仅从松科来看,就能充分表现出华夏大地是名副其实的"裸子植物故乡"。在中国广袤的山林原野中,不仅生长着茂盛的松树、落叶松、云杉、冷杉森林,而且在一些深山密林中还隐藏着许多极为珍贵的稀有的松科树种。在国家公布的第一批重点保护的珍稀濒危植物中,松科植物就有39种,占总数(389种)的1/10。其中银杉被列为一级重点保护植物,百山祖冷杉、金钱松等17种列为二级重点保护植物,黄枝油杉、樟子松等21种被列为三级重点保护植物。

冷杉属于松科,常绿乔木,高可达17米,胸径80厘米。为近年来在中国东部中亚热带首次发现的冷杉属植物,中国特有古老残遗植物,它的发现对研究植物区系和气候变迁有重要意义。

30多年前,在世界上很少有人知道中国东南沿海有座名为百山祖的山峰。1976年,浙江省庆元县林科所高级工程师吴鸣翔一鸣惊人,由他发现并定名发表的百山祖冷杉(图6-1),使百山祖这处"被人遗忘的角落"在世界植物学界放射出异彩。世界上已知的50种冷杉中,百山祖冷杉最为珍贵。因为在地球上只有中国浙江省百山祖顶峰西南坡海拔1 700米的林中有这种树生长,当年存世的仅有3株。这对于一个物种来说,离灭绝不过半步之遥。1987年,国际物种保护组织将百山祖冷杉列为当年公布的世界最珍稀濒危的12种植物之一。中国有关单位也在积极采取措施,希望通过人工繁殖的方法使这种濒危植物转危为安。

图 6-1　百山祖冷杉

冷杉枝轮生,叶螺旋状排列,线形,先端有凹缺,上面亮绿色,下面有两条白色气孔带。幼树极耐阴。结实周期 2～5 年,5 月开花,11 月球果成熟。

百山祖冷杉是第四纪冰川期遗留下来的植物,有植物活化石和植物大熊猫之称,对研究古气候、古地质变迁、古生物、古植被等具有重要意义。目前,野生百山祖冷杉全球仅存 3 株,均生长在浙江省庆元县的百山祖国家级自然保护区核心区。这 3 株百山祖冷杉周围伴生着亮水青冈,挤压百山祖冷杉实生苗生长空间,难以生长,因而对实生苗迁地保护尤为重要。

为了抢救百山祖冷杉,1991 年林业专家采集一批百山祖冷杉种子,次年进行人工育苗。2000 年 3 月,林业专家把这批实生苗移植到庆元县五大堡乡种植。经过专家们多年的精心管护,目前迁地保护的 11 株百山祖冷杉实生苗株高已达 1.95 米,冠幅 1.3 米,地径 0.5 米,长势喜人。

银杉珍稀之谜

银杉别名衫公子,属于松科,为常绿乔木,高达 24 米,胸径 40～85 厘米。树皮为暗灰色,并龟裂成不规则的薄片,叶螺旋状排列,辐射散生,在小枝上排列紧密呈簇生状,线形。雌雄同株。球果卵圆形,淡褐色或绿褐色。种子暗绿色。

银杉是中国特有孑遗种。分布于广西、湖南、四川、贵州,多见于海拔940～1 870 米地带。银杉的花粉曾在欧亚大陆第三纪沉积物中被发现,有重要研究价值。树形古雅美丽,可供观赏。

与百山祖冷杉相比,银杉出名早了 20 几年。中国植物学家杨衔晋,早在

1938 年就在四川鑫佛采到过这种植物的枝叶标本,但由于没有花和球果,这份标本一直没有被鉴定。直到 1955 年,钟济新教授带领的科学考察队,在文本龙胜县花坪林区采到带球果的植物标本后,银杉才由植物学家陈焕镛和匡可任定名发表。

银杉生长于海拔 940～1 870 米针阔叶混交林、常绿与落叶混交林中,常萌发于陡坡山脊、孤立的石山顶部或悬崖绝壁缝隙中。其胚胎发育与松属植物相似。

远在地质时期的新生代第三纪时,银杉曾广布于北半球的欧亚大陆,在德国、波兰、法国及前苏联曾发现过它的化石,但是,距今 200 万年到 300 万年前,地球发生大量冰川,几乎席卷整个欧洲和北美,但欧亚的大陆冰川势力并不大,有些地理环境独特的地区没有受到冰川的袭击,而成为某些生物的避风港。银杉、水杉和银杏等珍稀植物就这样被保存了下来,成为历史的见证者。

银杉是一种过去一向认为早在地球上灭绝了的化石植物,它的球果化石和花粉曾分别发现于北纬 60 度的西伯利亚地区及法国西南部的第三纪地层中。活银杉的发现使植物学界大为震惊,西方学者们对华夏大地更加刮目相看。目前,世界上只有中国有活的银杉,而且数量很少,只有几千株,分散在四川金佛山、广西花坪和大瑶山、湖南界福山和八面山、贵州的道真和桐梓山区,非常罕见。

银杉对环境要求十分苛刻,只能生长在冬无严寒、夏无酷暑、降水丰富、空气十分潮湿的深山中。因此,虽然其姿容秀美、木材优良,但很难引种栽培,至今仍为世界植物学界和园林界可望而不可求的树木珍品。人们热爱银杉,送给它许多动人的名称:活化石植物、植物中的大熊猫、华夏森林瑰宝、林海珍珠……渴望它早日走出山林,点缀人们的生活环境。

巨柏探秘

通常讲的柏树,是柏科树木的总称。柏树与松科和杉科的多数树种不同,柏树的叶很小,呈鳞片状或刺形。球果形体较小,呈圆球形、卵形或圆柱形,内有 1～6 粒种子。

柏树适应性很强,四海为家,定居于岩石山地,照常披绿叠翠。它既能忍受 40℃ 的酷暑,又能承受零下 31℃ 的严寒,因此被称为"改造大自然的功臣"。

在我国的园林寺庙、名胜古迹处常有古柏参天、荫蔽全宇的环境。生长在陕西省黄陵县轩辕黄帝陵的庙院内的黄陵古柏,高达 20 米,胸围 10 米,传说为轩辕帝手植,已有四五千年历史。著名的台湾阿里山神木——红桧,高 58 米,胸径 6.5 米,材积 504 立方米,树龄 3 千多年。古人赞誉柏树为"百木之长"。孔子曾说:"岁不寒,无以知松柏;事不难,无以知君子"。孔子崇尚松柏,他的老家曲阜孔府、孔林和孔庙院内,至今古柏林立。

巨柏是中国特有的濒危植物,是 1974 年在西藏东部雅鲁藏布江流域发现的柏科树种,树体高大,树龄高达千年以上,在当地被视为"神木"。在中国西藏雅鲁藏布江流域,海拔 3 000 多米处,有一大片由巨柏树组成的天然林,树高达 45 米,胸径最粗处有 6 米,寿命在千年以上。

在台湾阿里山上有一种名叫红桧支的柏科树种,不仅树形高大,而且寿命极长,也被尊称为"神木"。其中,有一棵"神木"(即上文提到的红桧)高达 57 米,地面处树干直径达 6.5 米,材积量达到 504 立方米。

柏科也是较为古老的裸子植物家族,南北半球都有分布,适应环境的能力比杉科树种强。柏科成员超过了杉科,有 22 属,约 150 种。我国产 29 种,引入 15 种。

柏树四季苍翠、枝繁叶茂、树形优美、材质坚硬、耐腐蚀,自上而下都为人们所喜爱。尤其是这类树具有特殊的香气,不易受病虫危害,而且耐旱、耐用,几百年以至千年以上的老树仍苍劲挺拔,被誉为百木之长。在中国广为分布的侧柏、圆柏、柏木等,栽培历史悠久,常植于皇家园林、陵园、庙宇等处,成了古人追求长治久安的象征。如中国陕西黄帝陵轩辕庙中,相传为轩辕黄帝手植的古柏,被誉为"世界柏树之父";山西太原晋祠中的"周年齐柏",相传为周代所植。尽管人们并不知道古柏的真实树龄,但作为长寿树种,柏树是当之无愧的。

世界上最高的柏树是在北美广泛分布的北美乔柏,在原产地高达 70 米。柏科中也有一些很矮小的灌木种类,如铺地柏、兴安圆柏、叉子圆柏、偃柏等,均为高不到 1 米的匍匐灌木,适于作园林地被树栽培。

千岁兰耐旱之谜

裸子植物门盖子植物纲有 3 目、3 科约 80 种植物。它们与其他裸子植物不同的是:茎的次生木质部中有导管,花出现了类似于被子植物花被的假花被,没有乔木种类。包括灌木状的麻黄目,常绿木质藤本、叶片宽大的习麻藤目和叶片极大、寿命长达千年的千岁兰。

千岁兰是千岁兰目、千岁兰科中唯一的一种植物,仅生长在非洲西南沿海纳米比亚及安哥拉沙漠中。这种植物多分布在沙漠中宽而浅的谷地内。茎十分短粗,直径有 1 米左右,高出地面仅 20～30 厘米。在茎的顶部边缘分别向两侧生出两片巨大的叶片,每片叶长达 2～3 米,宽 30 厘米左右。这两片叶一经长出后,就与整个植株终生相伴。

在沙漠里,一般植物都把叶子缩小成针状以减少水分蒸发。可是,在非洲西南部的纳米布沙漠和安哥拉沙漠地带,却生长着这种奇特的千岁兰植物。千岁兰的两个巨大叶片能巧妙适应环境,茎又粗又短,根又直又深。茎顶下凹,像个大木盆,木盆两边却各有一片又长又宽的带状叶片。由于沙石的磨损和干燥的气候,叶片常裂成许多细片,远远望去,整个千岁兰就像一只爬伏在海滩上的大章鱼。

纳米比亚沙漠和安哥拉沙漠地区的气候有点古怪,它们是近海沙漠,在夜晚有大量海雾形成的露水滴落下来。千岁兰就可以利用它的又大又宽的叶片吸收凝聚在叶面上的水分,弥补土壤中水分的不足。千岁兰的根又直又深,可以更多地吸收地下水。

千岁兰能在沙漠中活千年,是因为有了又宽又大的千岁叶,体现出植物是怎样巧妙地适应自己的生存环境的。

这种奇形的裸子植物寿命很长,一般都能活到百年以上。据科学家用碳 14 测定,最长寿的植株已活了 2 000 年,因此称其为千岁兰或千岁叶。在漫长的生命历程中,千岁兰的两片叶在沙石地上不断磨损,但叶的基部却在不断生长,以补充叶缘的损失,因而叶片的寿命极长,一经长出,终生不换。一些饱经风霜的"长者",叶片往往沿着平行及间被撕裂成许多狭条,由于狂风一吹便散乱扭曲,远望犹如一只只爬在沙滩上的大章鱼,因此人们又趣称这种植物为"沙漠章鱼"。

千岁兰是雌雄异地株植物,开花时许多穗状花序在茎顶部边缘上生出。由于花序有鲜红的苞片,因此颇为艳丽,为沙漠增添了异彩。在雨水十分罕见的沙漠环境,受海洋性气候的影响,长命千岁的千岁兰形成了世界上最为珍奇的植物景观。

樟科芳香之谜

樟科有 45 属、2 000 多种,几乎都是木本植物,主要特征是单叶互生,叶和树皮具有油细胞,花两室,花药瓣裂,核果。樟科植物主要分布在热带和亚热带地区,是常绿阔叶林的重要成员。中国有樟科植物 20 属、400 余种,多为珍贵的经济树种,其中最重要的是樟树和楠木。

樟树和楠木都是常绿大乔木,高可达 30 米以上,树径 2～3 米。这两类树材质细腻、纹理美观、清香四溢,并耐湿、耐朽,防腐、防虫,为上等建筑和高级家具用材,自古以来就深受中国人喜爱,栽培利用历史悠久。

樟树属球樟属,是中国五大经济树种之一,广泛分布在江南各地及台湾省。除材质好外,樟树的根、干、枝、叶可提取樟脑和樟油,种子可榨油,叶还可提制栲胶。此外,樟树树大荫浓,树姿壮丽,秋冬季叶色鲜红,是极佳的风景树。樟属的著名树种还有黄樟、油樟、沉水樟等。

楠木属于楠属,树干圆满通直,过去常用来制作棺木,在皇宫及帝王陵寝中也广泛使用,以求千年不朽的梦想。目前保存完好无损的著名楠木建筑是北京十三陵中的长陵的一个殿建筑,殿内 60 根楠木巨柱历 450 多年,仍香气袭人。由于楠木生长较慢,经历代大量砍伐,目前成材的大树已不多见。楠木主要产于四川、湖北、贵州、福建、江西、云南等地。

樟科中有一些比较矮小的树种,虽然不能作栋梁之材,但也因含有芳香物质而用途广泛。如果实含芳香油的木姜子、山胡椒、月桂等。

鳄梨是樟科中著名的热带水果,原产于美洲热带地区,因果实呈梨形,果皮似鳄鱼而得名。鳄梨的果肉中含有丰富的脂肪、维生素和矿物质,质若奶油,色似橙桔,气味芳香,目前在一些发达国家十分走俏。

樟科中还有著名药用植物:肉桂、乌药、无根藤等。无根藤为寄生藤本植物,属于无根藤属。

毛茛科植物为何是草世家

被子植物中的毛茛科有 50 多属、2 000 多种,主要分布在北半球温带地区。中国是盛产毛茛科植物的国家,有 38 属、730 多种,广布于全国各地。

毛茛科是草本植物,与木兰科相似,是具有原始性状的科。双子叶草本植物即由本科保留草本性质演化而来,与木兰科是平行发展的科。

毛茛科的识别特征:花辐射对称或两侧对称,两性,少单性,萼片、花瓣各 5 个,或无花瓣,萼片花瓣状,雄雌蕊多数、离生,果为瘦果。

毛茛科各种植物的花朵虽然形状不一,但都具有雄、雌蕊多数、分离、螺旋排列在花托上等被子植物较原始的特征。

毛茛科植物绝大多数是矮小的草本,既无栋梁之材,也缺少美味的果蔬,但却以众多绮丽的山花和疗效显著的药草而闻名于世。

初春时,冰雪还未消融,东北大地上鲜黄娇嫩的侧金盏花便开始绽放。稍后,从四川到华北、东北,在向阳的干燥山坡上还留有往年的枯草,白头翁花钻出地面就展开蓝紫色的花朵、露出鲜黄的花蕊。从春到夏,从华南到东北,山溪旁湿润的草地上,毛茛花舒展着亮黄色的 5 枚花瓣,灿若繁星。从东北到西南,从平原到高山,大片的银莲花如朵朵白云漂浮在绿草丛中。紧接着是金黄色宛如小荷花的金莲花的世界。

在夏日里开放的毛茛科山花中,有许多花朵奇特的种类格外引人注目。华北耧斗菜紫色的花朵上,有 5 个长长的顶端弯曲如钩的长距,形如五爪的小鼎。飞燕草蓝紫色的花朵后部,有一突出的长距,形如飞燕。乌头的花朵上,有一形似古代武士头盔的大萼片。

毛茛科中最著名的药草是黄连和乌头。黄连属于黄连属,产于中国南方的山林中,喜阴湿的环境。黄连有清热解毒消炎作用对肠炎及细菌性痢疾有特效。黄连的有效成分是生物碱,最主要的是小檗碱。乌头入药则是"以毒攻毒"。它的药用部分——块根(中药又称附子),含有乌头碱等有毒物质。此外,毛茛科中常用的药草还有白头翁、唐松草、升麻、威灵仙、毛茛、金莲花、侧金盏花等。

在以往的各个植物分类系统中,都把以芍药、牡丹为代表的芍药属放在毛茛科中,不过近年来,有的学者将芍药属从毛茛科中分立出来成立芍药科。

桑科为何称为乳树家族

桑科有 40 属、1 000 多种,主要分布在热带和亚热带。中国有桑科植物 11 属、150 多种,最著名的是桑树。

桑树是中国乡土植物中最著名的经济树种之一,自古就在各地广为栽培。桑树一身都是宝,桑叶可以饲蚕,桑皮可以造纸,桑木可以作家具,桑葚(桑树的果实)可生食或酿酒,桑叶、皮、乳汁可以入药。

桑科中的构树也是分布很广的中国乡土树种,用途不亚于桑树,尤其是构皮纸,早在唐代前后就以质优而备受世人青睐。构树又称为楮,是一种小乔木,叶形似桑叶,但较大,叶面多毛,聚花。果球形,比桑葚(也是聚花果)大,熟时呈鲜红色,可食用。

桑树科中种类最多的属是榕属,有 1 000 多种,广泛分布在世界各地的热带、亚热带山林中。榕树(又称细叶榕)是广为栽培的风景树,在中国华东南部、华南及西南的城镇和乡村,数百年以至千年以上的古榕树屡见不鲜,往往形成奇特的自然景观。

榕树的树冠庞大,枝干上常生有大量的气生根、气生根入土后又生根系,形成巨大树冠的活支柱,看上去如一株株小树簇拥在主干周围,因此有榕树"独木成林"之说。据记载,印度加尔各答植物园里有一株大榕树,树冠覆盖 7 000 多平方米,共有近 600 条气根支撑着,人站在树下犹如置身于林木之中。

在广东新会有一株人称"小鸟天堂"的大榕树,它独木成林后形成特殊的自然景观,树上栖息有多种鸟类。

榕属植物有一个十分奇特的形态特征——具有隐头花序。整个花序内陷于花序托中,外表找不到一朵花,很像一个果实。如果将隐头花序剖开,就可以看到内壁上生有许多雄花、雌花和虫瘿花。在隐头花序中往往有特定的蜂类寄生,为其传粉。无花果、薜荔、橡皮树、菩提树等都属于榕属,也都具有类似的隐头花序。

桑科中还有著名的可食树种,如桂木属的木波罗和面包果以果实硕大、营养丰富出名,牛奶树则以富含味道可口的乳汁而出名。桑科中不含乳汁

的草本植物大麻、啤酒花等。在克朗奎斯特系统中,将它们从桑科中分出另设立大麻科。这样桑科就成了名副其实的"乳树家族"。

壳斗科植物营养价值奥秘

壳斗科是双子叶植物纲金缕梅亚纲的 1 科,常绿或落叶乔木,稀灌木,托叶早落。壳斗科有 8 属、900 多种,广泛分布在温带、亚热带及热带。栎属是壳斗科中最重要的属,有 300 个种,通称为栎树或橡树。

壳斗科植物至少在白垩纪时期就已发生,在此后的各个历史时期的地层中,先后找到它们的包括花粉在内的化石。第三纪时,它们的生存远远超过现代的分布区。

壳斗植物很容易被识别,都是树,而且绝大多数是乔木,单叶互生,花单性,雌雄同株,雄花组成预柔荑花序,雌花单生或 2～3 朵簇生,花被无花瓣、花萼之分,子房下位,果实为照直果,外包以由总苞木质化形成的斗。

壳斗植物广泛分布于南、北两半球,但非洲仅见于北部。在欧洲、北美及亚洲东部的阔叶林中,壳斗科树种扮演着重要角色。

中国有壳斗科植物 7 属、300 多种。在中国,除新疆为引种外,壳斗科植物自然分布于南北各个省区,主要产于西南及南部。自沿海低丘陵至海拔约 3 800 米高山均有生长,常为山地常绿阔叶或针叶阔叶混交林的主要上层树种,又是山地水源林的重要成分,也是秦岭南坡以南各地的主要用材树种。有时以本科不同属种为主组成小片纯栎林。

栎属植物木材坚硬、耐腐蚀,栎子壳及树皮含丰富的鞣质,经济价值很高。如栓皮栎的栓皮为重要工业原料,栎木木炭经久耐烧,栎子粉和栎叶可饲养家畜和蚕;栎子还是营养丰富的食品,栎树朽木可培植香菇、木耳等食用菌。

栎树中的许多种还是优美的风景树。栎树在人类文化史上也占有一席之地,尤其在欧洲,栎树极受青睐。不论是俄国作家托尔斯泰笔下的老橡树,还是瑞士画家卡拉姆的油画《狂风中的橡树》,都具有极强的感召力。在第十一届奥林匹克运动会上,栎树苗还作为奖品颁发给每一位冠军。

栎树在中国广泛分布在南北各地,生长在北方的栎树,表现出冬季落叶的特性,而生长在南方的则多为常绿树。在中国的 60 种栎树中,较著名的有辽东栎、蒙古栎、栓皮栎、白栎、柞栎、高山栎等。

板栗为壳斗科植物栗的果仁，又名大栗、栗子、栗果等。味甘性温。具有健脾养胃，补肾强筋，滋补强身，抗衰延年等功能。

板栗含有丰富的营养成分，如蛋白质、脂肪、碳水化合物、维生素、胡萝卜素以及磷、钙、铁、钾等无机盐等。

壳斗科中重要的食用植物是板栗。栗子为著名干果，营养丰富，有"铁杆庄稼"、"木本粮食"之称，主要产于中国北方，属于栗属。

藜科生存能力之谜

藜科为双子叶植物，隶属石竹目。约 100 属，1 500 种，绝大多数都是草本植物，许多是盐生植物，藜科植物广布世界各大洲，主要分布于非洲南部、中亚、美洲和大洋洲的干草原、沙漠、荒漠和地中海、黑海、红海沿岸海滨地区。中国有 30 属，186 种，全国分布，以西北各省荒漠、干旱地区最多。尤以新疆最盛。苞藜属于中国特有，产于甘肃南部。

藜科多为一年生草本，少数为半灌木或灌木，稀为小乔木。单叶，互生或对生，扁平或柱状，较少退化为鳞片状（盐角草属），草质或肉质，无托叶。花单被，雄蕊与花被裂片同数或较少。果实多为胞果，稀盖果（千针苋属）。胚环形、半环形或螺旋形。具肉质或粉质的外胚乳或无。

藜科植物可食用的有甜菜、菠菜、君达菜。菠菜是世界性的蔬菜，营养丰富，叶及嫩茎中富含维生素及磷、铁等物质。甜菜的肥大块根中含糖量为 18％～24％，是北方重要的制糖原料。药用有土荆芥、地肤。其多为荒漠草原干旱地区耐盐碱的主要植被，中国西北荒漠地区常见的有梭梭、白梭梭、盐角草等。藜为荒芜地和农田中常见的杂草。

该科植物中的地肤、藜、盐地碱蓬和猪毛菜等嫩时可食，沙蓬种子俗称沙禾，可食，猪毛菜、土荆芥全草入药。后者的茎、叶含土荆芥油，为健胃、通经的药。地肤果实称地肤子，为常用中药。杖藜世界各国普遍栽培，除幼苗可食外，茎秆可做手杖，称藜杖。

藜科植物很少生长在山林中，海边、荒漠、盐碱地等其他植物难以生活的环境却是藜科植物大量繁衍的场合。藜科家族的成员虽然花小、单被，花朵多为绿色，缺少绮丽的姿容和鲜艳的色彩，但适应恶劣环境的能力强，尤其是许多种类具喜盐碱的特性。如盐角草、盐爪爪、碱蓬等,它们的细胞液里具有较高的渗透压,能从盐碱土中吸收水分,另外体内贮水组织发达,根扎得很深,叶片缩小,甚至完全消失或变为肉质,因此耐旱能力极强。

梭梭是藜科中少数木本植物之一,可以长成数米高的小乔木,也具有很强的干旱的能力,是十分重要的、典型的沙区造林树种。它不仅根系发达,而且叶退化成鳞片状,以绿色的嫩枝代替叶进行光合作用。在酷暑和严冬时,这些嫩枝便大量脱落,以此适应不良环境。梭梭体内含盐量可达14%~17%,所以吸水力极强。当土壤中含盐量超过0.6%时,大多数植物已不能生长,梭梭却能在土壤含盐量高达2%时生长良好,因此又被称为"盐木"。

藜科中最常见的种类是一些杂草,如灰尘绿藜、猪毛菜、藜等,它们在路边、房前屋后、生荒地上随处安家,很难清除。

葫芦科瓠果植物探秘

葫芦科有113属、800多种,大多数分布在热带和亚热带,少数种类散布到温带。中国有葫芦科植物32属、150多种,主要分布在南方。

葫芦科叶为单叶,互生,具掌状脉。花单性,雌雄同株(如黄瓜、甜瓜)或异株(如赤瓟),花萼和花冠筒均为5裂,雄蕊5枚。

葫芦科有一个显著的特征就是多为草质藤本。这些不能矗立的植物,或匍匐生长或借助于叶腋处发出的变态枝龙须,攀缘向上。

在印度洋西北靠近非洲大陆的索科特拉岛上,生长着一种非常奇特的葫芦科乔木黄瓜树。它的树干高达6米,粗1米,像只大水桶,茎内储存有大量水分,以适应当地干旱的气候条件。如果不看花和果实,人们很难相信它与黄瓜是同科植物。

瓜类在食用植物中占有重要的地位,世界上结瓠果的植物有几百种,都属于葫芦科。葫芦、西瓜、甜瓜、南瓜、黄瓜、冬瓜、丝瓜、苦瓜等,各有各的品质与营养价值,食用方法也不尽相同,但在植物形态上,都属于同一类型的果实——瓠果。这种果实是由合生心皮的下位子房和花萼筒发育而成的一种特殊类型的浆果。瓠果供食用的部分包括果皮和胎座,如冬瓜、南瓜主要食用果皮,西瓜供食用的部分主要是肥厚多汁的胎座。

葫芦是一年生攀援草本(图6-2),有软毛;卷须2裂,花期6~7月,果期

7～8月,果实老熟可作容器,亦可药用。全国各地都有栽培。常见栽培的还有3个变种:瓠子果实长圆柱形,果肉白色,嫩时作蔬菜食用。小葫芦果实形状与葫芦相似,植株结果较多,果实供药用,能利水消肿,种子油可制皂。瓠瓜果实梨形,嫩时亦可作蔬菜食用,老熟后可剖开做水瓢用,果皮晒干入药,利尿消肿。

图 6-2　葫芦

南瓜是一年生蔓生草本,茎有短刚毛,通常在节上生根。果实作蔬菜,种子含脂肪油、蛋白质、维生素 A、维生素 B、维生素 C、南瓜子氨酸,可药用亦可食,叶制土农药可杀蚜虫。

葫芦科中也有一些是不结瓠果的植物,如各地水边草丛中常见的药用植物盒子草,蒴果卵形,长 1.6～2.5 厘米,自中部盖裂。

葫芦科中还有不少对人类有益的植物种类。如著名的药用植物栝楼、罗汉果、绞股蓝、假贝母、木鳖等。油渣果是产于云南、广西的大型木质藤本,果实直径达 20 厘米,内含 6 枚大型种子,含油量达 68.2%,是极有经济价值的野生油料资源。

蔬菜之邦——十字花科

常见的油菜花,有 4 片分离的萼片和花瓣,它们排成里外两轮,花萼和花瓣是相互错开的,开放时呈十字形,叫做十字形花冠,十字花科的科名也由此而来。

十字花科有 350 属、3 000 多种,十字花科几乎都是草本植物,全世界都有分布,以北温带种类最多。中国有十字花科植物 96 属、400 余种。其中芸

苔属为我国主要的蔬菜,如白菜、萝卜、芜菁和油菜(它是油料作物)。这一科里也有常见的观赏植物,如桂竹香、诸葛菜、香雪球、岩生庭芥、缎花和紫罗兰等。

十字花科中有许多著名的栽培蔬菜,除以上几种外,还有青菜(小白菜)、卷心菜、花椰菜(菜花)、萝卜、甘蓝以及人们喜食的荠菜、诸葛菜等野菜。

十字花科还为人类提供了多种油料植物。油菜种子含食用油 40% 左右,是著名的油料作物,在中国长江流域及西北、西南广泛栽培。萝卜、独行菜、芝麻菜、葶苈等的种子油,都在工业上有广泛用途。

十字花科的一些种类还可作调料。如芥菜、白芥、黑芥的种子,均为著名香辛料芥末的原料。产于欧洲的辣根,其根可制辣味调料。

十字花科植物的形态特征十分明显:草本,叶互生,花两性,萼片和花瓣均为 4 枚,花瓣成"十字"形排列(称为十字形花冠),雄蕊 6 枚,2 短、4 长(称为四强雄蕊),果实为角果。其中尤以十字形花冠、四强雄蕊和角果最重要,只要掌握了这几条特征,就很容易与其他科植物相区别。

大白菜又叫结球白菜,是我国北方地区秋季的重要蔬菜,为两年生的草本植物,有短的茎,只有 6 厘米到 10 厘米长,上面长有一片片的叶。宽大的叶层层地包卷起来,形成一个硕大的叶球。大白菜花呈黄色,花冠是十子形花冠,雄蕊是四强雄蕊,雌蕊 1 枚,果实是角果。

十字花科中的药用植物也不少。消炎效果明显的中成药板蓝根冲剂的主要成分,就来自该科植物菘蓝和大青的根。中药葶苈的独行菜和播娘蒿等的种子。岩芥属植物药用岩芥,原产于北美温带,是著名的治坏血病药,被誉为"坏血病草"。

羽衣甘蓝,为十字花科二年生草本植物,别名绿叶甘蓝、牡丹菜等,除作为观赏植物外,还具有较高的经济价值和市场竞争力。羽衣甘蓝含有多种维生素和丰富的矿物质,尤其是维生素 A、维生素 B_2、维生素 C 和钙的含量高,具有很高的营养价值,为高营养价值的新型蔬菜。羽衣甘蓝以嫩叶供食,可炒食、凉拌、做汤、火锅或腌渍,品质柔嫩,风味清鲜。

美化山野之冠——杜鹃花科

如果在春夏之际到中国西南、华南的山区旅行,就能领略到世界上最壮观的杜鹃花奇景:红色、紫红色、粉红色、白色、黄色的杜鹃花,一簇簇、一丛丛,往往覆盖了大片的山野,甚至绵延上百千米。

杜鹃花是杜鹃花科、杜鹃花属植物的泛称。杜鹃花科的主要特征是:木本,花两性,花萼宿存(花开过后不脱落),花瓣全生,4~5裂,子房上位,多为蒴果。

杜鹃花科大约有900种,中国有其中的一多半,近600种,广布于南北各地但北方种类少,云南、贵州、西藏、四川、广西、广东等地种类较多。尤其在横跨四川、云南、西藏三省区的横断山脉地区,杜鹃花种类最多,被誉为世界杜鹃花的天然花园和杜鹃王国。

在中国南方最常见的杜鹃花是映山红。它的花2~6朵簇生在枝顶,花冠宽漏斗状,长4~5厘米,前端裂成5瓣,花色鲜红。由于映山红的分枝多,因此植株虽不高大,但花朵极繁盛,怒放时如彩霞片片,似烈焰滚滚,美不胜收。

杜鹃花科共有125属、3 500多种,多为灌木。著名的属还有越橘属、山月桂属、吊钟花属、南烛属、马醉木属等。越橘属有300种左右,主要分布在北温带,其中既有颇为美丽的花木,也有营养价值较高的野果,开发潜力很大。山月桂属只有8种,均产于北美洲及西印度群岛。由于山月桂花朵美观大方,被美国康涅狄格州和宾夕法尼亚州尊为州花。

杜鹃花科中也有一些著名的药用植物,如杜鹃花属的羊踯躅,又名闹羊花。它的金黄色花冠不仅美丽而且可入药,有祛风除湿、镇痛的功效,早在《神家本草经》中就被列为有毒药物。

蔷薇科花果园奥秘

蔷薇科在被子植物家族中极负盛名,尤其在北半球温带地区许多花朵艳丽、果实味道鲜美的蔷薇科植物,自上而下就为各国人民所利用,栽培历史悠久,名品备出。

蔷薇科为双子叶植物,隶属蔷薇目,有125属、3 300多种,广布于全世界,以北温带和热带地区种类最多。植物学家根据蔷薇科果实的形态并参考花的特征,将该科又分为4个亚科:绣线菊亚科、苹果亚科、蔷薇亚科和李亚科。

在蔷薇科中,既有高十几米的乔木树种,也有高不过几厘米的矮小草本,叶的形态也较纷繁。但花朵都具有两性花,辐射对称,萼片、花瓣5枚(或为5的倍数)雄蕊多数,花瓣和雄蕊生在花托边缘,雌蕊的子房基部与花托愈合等特征。果实有蓇葖果、瘦果、梨果和核果等四种主要类型。

蔷薇科的名花有月季、玫瑰、蔷薇、梅花、樱花、桃花、海棠花、乡线菊、白鹃梅、黄刺梅、榆叶梅等;佳果有苹果、梨、桃、杏、山楂、草莓、樱桃等。其中又以月季和苹果最为著名。

月季又名四季蔷薇,为蔷薇属底矮直立的小灌木,叶为奇数羽状复叶,小叶3～5片。月季是世界各地广泛栽培的一种花卉。素有"花中皇后"的美称。

月季的花,萼片5枚,花瓣5枚或多枚,萼片、花瓣和雄蕊都着生在杯状花托的边缘。月季花深红色至淡红色,也有白色的,花大艳丽、花容秀美、四季常开;耐寒、易于繁殖,是世界温带地区最重要的花木之一。

苹果原产于欧洲南部、中亚和中国新疆一带,果实营养价值高,色、香、味皆佳,产量高,耐贮存和运输,目前是世界上栽培面积最广、产量最多的果树之一。

此外,蔷薇科还有许多药用植物,如有著名的收敛止血药龙牙草、地榆、蛇莓、委陵菜等;有镇咳镇痉、清暑利尿功效的木瓜;果实可治慢性气管炎、肺结核的花楸等。

中国有蔷薇科植物52属、1 000余种。蔷薇属花卉供观赏,在中国起源很早。唐时已成为普遍栽培的花卉。蔷薇油生产历史也在千年以上。

豆科大家族的奥秘

豆科是被子植物门中的大科之一,豆科植物属于双子叶植物,有大约400属、13 000多种,中国有豆科植物116属、1 000余种,各地均有分布。豆科植物中既有人们熟悉的蔬菜,又有重要的油料植物。

豆科有草本植物,也有木本植物,多数豆科植物的叶都是复叶。豆科植

物的主要特征是:花冠多是蝶形,雄蕊多是二体,果实为荚果。

在较早的植物分类系统中,豆科又分为三个亚科:含羞草亚科(如相思树、合欢),苏木亚科(如艳紫荆、紫荆)、蝶形花亚科(如黄槐、豆类)。前两个亚科主要分布在热带、亚热带地区,包括了许多世界著名的树种,如含羞草亚科中的金合欢、孔雀豆、南洋楹、银合欢、牧豆树、雨树等;苏木亚科中的苏木、腊肠树、铁刀木、决明、格木、缅茄、巴西豆等。

现代一些植物分类学家认为,这三个亚科的植物虽然都结荚果,但花的形态各有特色,因此将它们分别提升为科,同属于豆目,原蝶形花亚科变为豆科(蝶形花科)。含羞草亚科的花辐射对称,雄蕊通常多数。苏木亚科的花两侧对称,花冠为假蝶形,雄蕊通常 10 枚分离。蝶形花亚科的花两侧对称,花冠蝶形,雄蕊通常 10 枚,常成二体(9 合 1 离)。

说到豆科,人们自然会想到各种豆类作物:大豆、豌豆、菜豆、扁豆、蚕豆、豌豆、绿豆、赤豆等,这些植物都能开出形似小蝴蝶的花朵,所结的果实也均为荚果。世界上形形色色的豆科植物,不论是高大挺拔的树木,还是低矮柔弱的小草,都具有这两条特征。

大豆是一年生草本植物,主根和侧根上生有很多瘤状物,叫做根瘤。大豆有直立的茎,主干和分枝上都密生有细毛。大豆的叶是生有 3 片小叶的复叶。大豆的花呈白色或紫色;花冠是蝶形花冠;雄蕊是二体雄蕊;雌蕊 1 枚,果实是荚果。

除各种豆类作物外,豆科中还有著名的药用植物:甘草、黄芪;名贵的用材树种:黄檀、紫檀、红豆树(花梨木);优良牧草:苜蓿、草木樨、紫云英、白车轴草、红车辆草(红三叶);油料作物:花生;纤维植物:菽麻、毛花葛藤;园林观赏树:国槐、刺槐、紫藤、刺桐。

豆科植物不仅种类多,而且生长型也比较复杂,包括了草本、灌木、乔木及藤本各种类型。但它们多为羽状复叶或三出复叶,花冠蝶形,果实为荚果,这些特点使豆科植物很容易与其他科植物相区别。

豆科植物几乎都具有与土壤中的根瘤菌共生、产生根瘤的特性,因此能将大气中的氮转变为易于植物吸收的硝酸盐,在自然生态系统中,具有十分重要的意义。

芳菲袭人的香木——桃金娘科

桃金娘是中国南方的一种野生果,又称逃军粮。桃金娘科的 3 000 种植物中,大部分都产于美洲热带地区的大洋洲,中国原产仅 80 多种。

世界上最负盛名的桃金娘科植物是桉树。桉树是桉属树种的泛称,这一属有 500 多种,几乎都产于澳大利亚,在澳洲的森林里占 95% 以上。可以说,桉树和袋鼠是澳大利亚最有代表性的生物。

桉树是世界上最高的阔叶树种,最高的桉树高达 100 米以上,树干通直、木材优良。桉树多具有生长快、树体高耸挺拔、分枝点高等特性。王桉、巨桉、蓝桉、异色桉、斜叶桉、卵叶桉、红道木桉等都可以长到 60 米高,有的甚至高达 90 米。剥桉是生长最快的桉之一,14 年生的植株可高达 32 米。

桉树的木材坚硬、耐腐、具有芳香气味,用途十分广泛。木材最硬的桉树是皱皮桉,每立方米木材重 1 425 千克。

桉树体内含有丰富的挥发油,因此枝叶具有浓烈的香气。桉树油有很强的杀菌、避虫作用,在医药和工业上用途广泛。桉树中著名的芳香树种柠檬桉,就是因为所含挥发油有浓郁的柠檬气味而得名。

桉树中的多数种类有脱皮的习性,脱皮后树干往往洁白、光滑,十分可爱。

桉树的花也独树一帜,花萼和花冠合生成帽状体,开花时便脱落了,而由颜色鲜艳的众多雄蕊组成一朵朵美丽的"绒球花"。

目前,中国引种的桉树达 200 多种,其中有几十种已在台湾、福建、广东、广西、海南、云南等腰三角形地广为栽培。

桃金娘科的著名属还有蒲桃属、白千层属、番樱桃属、番石榴属、全香树属等。

蒲桃、番石榴是较著名的热带果树,已广为栽培。白千层属有 100 种左右,都产在大洋洲,花美丽,有观赏价值。番樱桃属的大叶丁香是著名的香料植物,原产于印度尼西亚,现在非洲桑给巴尔岛和马达加斯加岛栽培最盛。

全香树原产于美洲热带地区,未成熟的果实和树叶所含的挥发油具有肉桂、肉豆蔻和丁香的混合香味,故有"全香"之称,用途广泛。

桃金娘科均为常绿木本植物,最突出的特征是:体内有分泌挥发油的分泌腔,叶片上有透明油腺点,常具有芳香气味。花朵雄蕊多数,雌蕊子房下位。

大戟科植物奥秘

大戟科是被子植物中的大科之一,有 300 属、8 000 种,种数在菊科、兰科、禾本科、豆科之后,居第五位。该科植物主要分布在热带地区,分布中心是印度、马来西亚区和巴西。中国约 72 属 450 多种,遍布中国各省区,主要产于西南至台湾。

起源于第三纪,除北极及寒冷的高山带以外,遍布于全世界,主要产于热带和亚热带地区,热带美洲和非洲为两大分布中心。它们分布在极不同的地方,既有极特殊的沙漠型肉浆植物,也有湿生植物,还有不少是热带森林乔木,还有许多是分布广泛的田间杂草。

大戟属是遍布全球的大属,包含 2 000 多种,主要产于亚热带及温带,热带地区较少。有许多栽培植物,如木薯、蓖麻、乌桕等,远远超过其原来面积。本科的雌雄异株或同株,异花传粉。山靛属及其他属均有长而线状花柱,是风媒植物,但也有许多属植物具有鲜艳的苞片和腺体,以昆虫为传粉的媒介。木薯属中的花瓣状花萼、花瓣状的花盘裂瓣及大戟属的总苞腺体,都有蜜腺分布,起着诱引昆虫的作用。

大戟科有众多的经济植物和观赏植物,与人类关系十分密切,有"热带经济和观赏植物宝库"之称。世界驰名的巴西橡胶树、蓖麻、木薯等,都是大戟科的成员。

大戟科经济植物中,最主要的是油料和药用种类。中国虽然所产大戟科植物仅占总数的 5% 左右,但有用植物甚多。如被称为油中之王的乌桕和油桐、奇异的变味果余甘子,还有号称大戟科油库的野桐属树种如野梧桐、野桐、毛桐、粗糠柴、石岩枫,有药用植物巴豆、狼毒大戟、泽漆、续随子、甘遂等等。

大戟科中的观赏植物多产于热带地区,一些茎肥厚多汁的种类如:灯台大戟、大角大戟、蛇皮掌、麒麟刺、光棍树、佛肚树、虎刺梅等,以体态奇特著称。而一品红、银边翠、变叶木、猩猩草等,则以叶色或叶形的变化引人入胜。在大戟科中,以花朵艳丽取胜的植物十分罕见。

大戟科植物的花一般较小,通常为单性花,花单被或无花被。该科重要的特征是:植物体常见乳汁,雌蕊 3 心皮,子房上位、3 室,中轴胎座。蒴果成熟时常分裂成 3 个分果。

大戟属是大戟科中种类最多的属,有 1 600 多种,植物体具乳汁,花序为特有的大戟花序或称杯状聚伞花序。花序外观像一朵花,似花被的部分实际为杯状总苞。花序中央有一朵无花被的雌花(仅有 1 枚雌蕊),周围有数个成组排列的无花被雄花(仅有 1 枚雄蕊)。因此,尽管大戟属中有草,有树,还有多浆植物,体态多变,但万变不离其宗,只要掌握了具乳汁和大戟花序这两个特征,就很容易识别。

香草之家——唇形科

唇形科有 200 属、3 200 种左右,多数都是草本植物,广泛分布在世界各地,但以地中海周围地区至中亚一带种类最多。

唇形科是双子叶植物纲菊亚纲的 1 科。通常为多年生至一年生草本。植株含芳香油,具有柄或无柄的腺体,或各种单毛、具节毛或星状毛。茎直立或匍匐状,常四棱形;枝条对生,稀轮生。叶通常为单叶,全缘或具各种齿、浅裂或深裂,稀为复叶,大多对生,稀轮生或部分互生。

唇形科的形态特征十分明显:茎四棱、叶对生、唇形花冠、二强雄蕊(4 枚雄蕊,2 长 2 短)、果实为四个小坚果,因此很容易识别。唇形科植物中,药用植物、香料植物、观赏植物众多,且有一个重要特征——植物体常含挥发油,具有芳香气味,因此唇形科植物是植物界中有名的芳香植物世家。

在中草药中,属于唇形科的就有 160 种左右,较有名的有薄荷、丹参、黄芩、藿香、荆芥、益母草、夏枯草、海州香薷、紫苏、泽兰等。其中丹参是一种在中国南北各地广为分布的多年生草本,传统上用其根入药,有活血、祛瘀等功效。现代研究表明,该植物的根含丹参酮等多种药用成分,对冠心病等心血管有明显疗效。

罗勒是唇形科罗勒属一年生草本植物,原产于印度等地,被印度教徒视为圣草,其叶是著名调味香料。原产于地中海沿岸的薰衣草,为唇形科亚灌木,是世界重要的香料植物。它所含的薰衣草油主要用于化妆品工业、陶瓷工业、制药业等。此外,著名的唇形科香料植物还有迷迭香、留兰香、丁香罗勒、香紫苏、广藿香、薄荷等。

由于花、叶形状特殊,色彩鲜艳常供观赏的有一串红、五彩苏、美国薄荷等若干种类。唇形科中的一串红、彩叶草、狮子尾、香薷等是园林中栽培的观赏植物,一品红茎干顶部鲜红色的苞叶片如同花瓣,十分美丽。

唇形科植物大部分为陆生,陆生中多为草本或灌木,少数为藤本或小乔木,生活环境自热带雨林(锥花属)至荒漠(兔唇花属、脓疮草属等),有不少种类适应于高山或高山风化流石滩环境(绵参属、菱叶元宝草属),也有一些种类为杂草(鼬瓣花属、绣球防风草)。潮湿地区如沼泽地上也有一些种类(薄荷属、地笋属等)。

中国有唇形科植物 99 属、800 多种,遍布南北各地,具有很大的开发利用潜力。

被子植物之冠——菊科

菊科是双子叶植物纲菊亚纲被子植物中最大的一科。有一致的小花结构。小花管状,辐射对称,或舌状而两侧对称,或花冠管状而花冠裂片二唇形。多数小花密集排列,外覆以总苞片而形成一致的头状花序。菊科共 1 300 余属,近 25 000～30 000 种,其中绝大多数是草本,也有半灌木、灌木,极个别的是乔木或藤本。除南极外,全球分布。

菊科的一个重要特征是菊糖完全代替了淀粉作为多聚糖贮存。菊科所含有的倍半萜内酯类具有强心、抗癌、驱虫、镇痛等作用。

菊科以众多艳丽的花卉为人类所喜爱。菊花是中国的名花之一,有 2 000多年以上的栽培历史,品种繁多,被称为"伟大的东方名花"。目前菊花已成为世界上最重要的切花植物。此外,大丽花、波斯菊、紫菀、雏菊、翠菊、金光菊、金盏花、百日菊、矢车菊等,都为园林增加了异彩。

菊科中的向日葵是风行世界的油料作物。它那金黄色的大花盘(头状花序)不仅形似太阳,而且具有随着太阳的位置变化而转动的特性,被称为"太阳草"。

菊中还有著名的蔬菜莴苣、块茎含菊糖的食用植物菊芋、甜度为蔗糖300 倍的甜叶菊。

菊科也是药用植物宝库:有散风清热、明目舒肝的杭菊花,清热解毒的野菊花,清热凉血的青蒿,可治肝炎的茵陈蒿,驱蛔虫良药山道年蒿(蛔蒿),活血通络的红花,补脾健胃的白术、苍术、清热解毒的蒲公英以及雪莲、鬼针草、石胡荽、水飞蓟、牛蒡、苦荬菜、旱莲草等等。

菊科还有天然杀虫药除虫菊,可提取橡胶的橡胶草等许多具有较高经济价值的植物。

菊科植物的状头状花序犹如一个大型的单花,对昆虫传粉极为有利。异花授粉植物能产生活力较强的后代,使种群有更广泛的适应性。

菊科植物对环境的适应性极强,分布十分广泛。在温带和寒带地区生长的菊科植物,绝大多数都是矮小的草本植物,以适应寒冷、干旱的气候条件。有些生长在热带沙漠中的菊科植物,茎叶肉质多汁,贮存了大量水分。菊科中的少数木本植物,主要生长在热带和亚热带地区,在非洲乞力马扎罗山上,有十分罕见的菊科森林。

中国约有 220 属近 3 000 种,全国各地分布,其中异裂菊属、复芒菊属、太行菊属、画笔菊属、重羽菊属、黄缨菊属、川木香属、球菊属、葶菊属、栌菊木属、蚂蚱腿子属、花佩属、华蟹甲草、华千里光属、紫菊属、君范菊属等 15 属于中国特有。生长在天山雪线附近的雪莲花和生长在四川、云南干热河谷中的栌菊木白菊木等为较珍稀的物种。

热带景观树种棕榈科植物

棕榈是世界上最负盛名的一类热带植物。不论在非洲撒哈拉大沙漠的绿洲中,还是在美洲加勒比海的绿色岛屿上,都少不了棕榈的倩影。它们不仅树影婆娑,舒展着大型的叶片,在烈日和海风中给人以美的享受,而且整个植株都能为人类所利用,因此被誉为"热带的宝树"。

棕榈是棕榈科植物的泛称。这一科有大约 200 属、3 000 种,都分布在热带及亚热带地区。植物体有乔木、灌木,也有木质藤本。在树木占很小比例的单子叶植物家族中,像棕榈科这样的全木本植物家庭十分罕见。棕榈科植物的特征之一是茎干不分枝,不论植株长得多高、多长,都只有单一的茎干(畸形树除外)。据记载,最高的乔木型棕榈高达 60 米,最长的藤本棕榈茎长达 200 多米。

棕榈科植物的叶也很有特色。乔木型种类叶多集中于树干顶部,形成特殊的"棕榈型树冠"。叶片常绿,多呈掌状呀羽状分裂。叶柄基部膨大成纤维状的鞘。

棕榈科的花形成大型肉穗花序,而且花序多分枝。但每一朵花却很小,颜色也不艳丽,多为淡绿色。花为三基数;花被6片、2轮,雄蕊3或6枚,心皮、柱头3个。果实有浆果、核果、坚果等几种类型。

在中国最常见的棕榈科植物是棕榈和椰子,前者具有宽50厘米左右的掌状叶,后者则具有羽状叶,很容易区分。此外,蒲葵、鱼尾葵、棕竹等也分布很广,其中蒲葵的掌状叶宽达1米,鱼尾葵的羽状叶小叶片形如鱼尾,棕竹掌状叶的小叶似竹叶,也各具特色。

由于棕榈科树种形态美观、典雅,因此在热带地区常作行道树、风景树栽培,在北方则作为室内观叶植物盆栽观赏。

棕榈科植物除供观赏外,还具有极高的经济价值。原产于非洲的油棕,果实不仅含油量高达80%以上,而且质量好,有世界油王之称。马来西亚产的糖棕,汁液富含糖分,可用于制糖业和酿酒工业。亚洲热带地区出产的西谷椰子,树干富含淀粉,可制"西米",被称为出米的树。椰子果实的汁液为优质饮料,果肉可生食或榨油,果壳可雕刻成工艺品,果皮纤维可制成绳索。槟榔的果皮、种子均可入药,有健胃、驱虫等功效。枣椰树的果实(椰枣)又称海枣,营养丰富,含糖量高达55%以上,在原产地非洲有"绿色的金子"之称。白藤、黄藤、省藤等藤本棕榈的茎,是编织各种藤器的原料。

禾本科植物是粮仓

禾本科是被子植物门、单子叶植物纲的一个大科,是被子植物五大科(菊科、兰科、豆科、禾本科、蔷薇科)之一。约660属、1万种。广布于世界各地。我国225属,约1 200种。

禾本科中除竹类外,通常为草本(竹类为木本),除竹类外通称禾草。茎特称为秆,茎秆多中空、有节、圆形,节和节间明显,节间通常中空(玉米、高粱、甘蔗实心)。单叶,通常由叶片、叶舌和叶鞘三部分组成。叶片窄长,具有平行叶脉,叶鞘包着茎秆,叶二列互生、分,有时具叶耳(如大麦),叶脉平行。小穗是构成花序的基本单位,花序总状、穗状、圆锥状或伞房状(又称指状）。每小穗由小穗轴、2 枚颖片和 1 到多朵小花组成。

禾本科植物的花小而不显著，花序通常由小穗组成，每一小穗有花 1 至多朵。花由外稃（苞片）、内稃各 1 片包被，内、外稃间有 2 枚特化的小鳞片（浆片），雄蕊通常 3 枚，雌蕊子房 1 室，1 胚珠，柱头常成羽毛状或刷帚状。禾本科植物的果实多为颖果，果皮与种皮愈合，不开裂，内含 1 种子；少数为胞果或浆果。

禾本科植物的花被退化为 2 枚微小的浆片，花丝长，柱头羽毛状，花药和柱头伸出花外，均为有利于风媒传粉的特征。禾本科植物除少数种类自花授粉（如小麦）外，多数靠风帮助传粉。

根据花序和小穗的结构，禾本科又分为三个亚科：竹亚科、早熟禾亚科和黍亚科。竹亚科包括了所有的竹类植物，共有 1 000 余种，主要分布在热带地区。

禾本科具有极为重要的经济价值，人类所需的粮食绝大多数都来自这一科。由于禾本科粮食的可食部分均为植物的颖果，因此又通称为谷类作物。水稻、小麦、玉米、高粱、燕麦、黍、粟、大麦等禾本科植物，是人类广为栽培的谷物，其中又以水稻、小麦、玉米的栽培面积最大，产量最高。

除了谷类作物外，禾本科中还有重要的糖类作物甘蔗、优良牧羊草、羊茅、鸭茅、鹅观草、旱地早熟禾等，药用植物薏苡、淡竹叶、白茅，造纸原料芦苇，融观赏、建筑、制作器具等效用为一身的竹类。

画眉草广泛分布在全世界的温暖地区，茎秆和叶既是良好的饲料又是治跌打损伤的民间常用药。

禾本科多数种类都是典型的风媒传粉植物，其特征花丝长，花药悬垂在稃、颖之外，是对风传粉的适应。

名花良药百合科之谜

百合科是单子叶植物中的旺族之一，有 240 属、4 000 种左右，广布于世界各地。其中既有驰名世界的观赏花卉郁金香、风信子，也有中国传统名药贝母、黄精、玉竹、延龄草、藜芦、知母。而百合、萱草、玉簪、玲兰、沿阶草、天门冬、万年青等，则集观赏与药用于一身，备受人们青睐。

百合属是百合科中最负盛名的属之一，有 80 种，其中一半左右产于中国。百合、麝香百合、王百合、鹿子百合、川百合、湖北百合、青岛百合、卷丹、山丹等，又是中国产百合中的佼佼者，具有较高的观赏价值。

麝香百合原产于中国台湾省，日本也有分布。植株刚直挺拔，花朵硕大、洁白、晶莹雅致，芳香宜人。被引入欧洲后，这种百合备受喜爱，被视为纯洁、光明、自由、幸福的象征，经各国园艺家辛勤培育，已形成了许多优良品种。

卷丹，又名虎皮百合，分布极广。茎高达1米以上，叶狭披针形，中上部叶腋内可生珠芽。花朵繁盛，往往一株可开10朵花。花被片向后反卷，花口朝下，花色橘红，内有紫黑色斑点。由于卷丹花美丽，而且地下鳞茎富含淀粉，可供食用和药用，所以具有悠久的栽培历史。

百合科植物的突出特征是具典型的3数花。花被6枚，2轮排列，花瓣状；雄蕊6枚；心皮3片，合生；子房上位，3室。地下多具鳞茎、根茎或块茎。百合科绝大多数种类都是多年生草本，只有龙血树等少数木本植物。龙血树又名千年木，常绿乔木，高可达18米，具红色汁液，叶生于茎干的顶部。在古代龙血树是提取中药材血竭的原料，近年来已被用作大型室内观叶植物。

重楼属是颇为奇特的百合科植物。它们的叶在茎顶6～8片轮生，开花时长长的花梗从茎顶的轮生叶中央生出，由于有时刚好为7片叶，因此又俗称这类植物为七叶一枝花。该属的花朵绿色，花被4～5片，雄蕊8枚。重楼属中国有7种，多为药用植物，根状茎可治毒蛇咬伤、跌打损伤及无名肿痛。

百合科中也有不少可食的种类。如百合等的鳞茎，黄精、玉竹的根状茎都富含淀粉及其他营养成分，可入药亦可食用。天冬属植物石刁柏又名芦笋，其嫩茎可作为蔬菜食用，不仅营养价值高，而且具有防癌的功效。

在克朗奎斯特系统中，百合科中还包含拥有500种植物的葱属，著名的葱、蒜、韭菜等，均在其中。

兰科植物变异之谜

兰科有700属、2万多种，是被子植物中一个十分庞大的家族，已知种数仅次于菊科，位居次席。在单子叶植物中，兰科被认为是虫媒传粉的最高级类型。为适应昆虫传粉，兰科植物的花朵形态发生了奇异的变化：3枚花瓣中的1枚演化成了唇瓣，位置牌花朵的下方，并呈水平方向伸展，在昆虫传粉时起"降落台"的作用;另 2 枚花瓣和 3 枚萼片向周围展开,尽量不妨碍昆虫的采花传粉。兰科植物的雄蕊与雌蕊合生成合蕊柱,最上部为花粉块,其下方为柱头穴。

对于每一个属、种的兰科植物来说,其唇瓣和合蕊柱又发生了很大变化,以适应不同种类昆虫的传粉。中国人最熟悉的兰科花卉是春兰属的一些种类:春兰、蕙兰、建兰、墨兰等。它们的花朵一般不大,色彩也不很艳丽,但在开花时却能产生异常的香气,被古人称为天下第一香、香祖,栽培历史悠久。

近代以来,随着人类的地理发现和资源的开发,许多隐身于高山和密林中的珍奇兰花不断被发现,在欧美等国也掀起了养兰花热。据记载,1906 年时,有一株兰花竟然以 6 000 美元售出。

目前世界上最著名的观赏兰花有卡特兰、拖鞋兰(兜兰)、蝴蝶兰、石斛兰、万带兰等。这些兰花花朵大、色彩艳丽、花形奇特。其中卡特兰原产于热带美洲,唇瓣长成喇叭形,口部呈波浪状,如一条美丽的长筒裙;两侧的花瓣大而舒展,花朵直径达 10 厘米,在产地被称为神奇梦幻之花。拖鞋兰的唇瓣特化成兜囊状,形似古代武士的头盔或如欧洲女性穿的拖鞋。蝴蝶兰的唇瓣 3 裂,中裂片前端较宽阔,看上去如一只展翅欲飞的蝴蝶。

兰科植物广泛分布于世界各地,从森林到草原,从沟谷到山顶草甸,都有兰花的踪迹。但以热带地区种类最多,它们有的地生,有的附生在树干上或岩石上,有的腐生。

兰科植物绝大多数都是多年生草本,但也有少数藤本植物;如生长在热带雨林中的香果兰(香荚兰),靠气生根附着在树干上攀援生长,茎长可达 10 米以上。

兰科植物虽然几乎都靠昆虫传粉,但有大约 8 000 种兰花并不分泌花蜜。它们能借助拟态等本领吸引传粉昆虫,如眉兰与锤兰在外形上模拟传粉昆虫的雌性配偶,并能散发出与雌性昆虫分泌的性信息相类似的化学物质,引诱雄虫与其假交配,达到异花授粉的目的。

兰科中不仅香花、美花名品备出,而且也有一些著名的药用种类,如有"神草"之称的中国传统名药天麻,具有滋阴清热、明目等功效的石斛,能止血、消肿的白芨等。

独花兰是中国特有的珍稀植物，又是珍贵的药用植物和优良的野生花卉。

植物细胞之谜

肉眼看不见的微小植物细胞，在显微镜下却是一个五光十色、丰富多彩的微观世界。自从人类能在显微镜下观察到细胞以来，经过无数次探索，才逐渐揭示出细胞的种种奥秘。细胞是构成一切动植物有机体的基本单位，这一重要事实的发现，与能量转化规律及进化论并列为19世纪三大自然科学发现。

植物细胞的结构与动物细胞基本相似，但也有它明显的特点。与动物细胞相比，重要的区别在于植物细胞外面包围着一层坚韧的细胞壁，细胞里面还有一些能进行光合作用的细胞器——叶绿体。最有趣的是，在人工实验条件下，可将一个植物细胞变成一棵完整的植株。植物细胞的这种独特的全能本领，对于动物细胞来说是望尘莫及的。

今天，随着科学技术的不断发展，虽然人们对植物细胞的各种细微结构及其功能又有了不少新的认识，但仍有许多空白和奥秘还待于填补和发现。

在自然界中，所有植物也都是由细胞构成。少者只有一个细胞（如细菌），多者有数十个至亿万个细胞，一棵参天大树就是由无数微小的细胞结合而成的。

通常在一个小小的植物细胞外面，包有一层坚韧的细胞壁，紧靠细胞内壁是一层极薄的质膜。细胞里面主要是蛋白质组成的细胞质，以及一个悬浮在细胞中央的圆球状细胞核。在许多成熟的植物细胞中，占据大部分位置的是充满细胞液的液泡。

如果把一个植物细胞放在电子显微镜下放大数千倍至数万倍，那么不仅能看清细胞壁和细胞核的细微结构，而且连散布在细胞质中大大小小、形状各异的细胞器，如叶绿体、线粒体、内质网和高尔基体等也都一目了然。这些细胞器在细胞的生命活动中，各自担负着独特的使命。在瑰丽多姿的植物世家中，绝大多数的植物都是由这类结构比较复杂的细胞即真核细胞所构成的。另外，还有一类结构结构比较简单、没有细胞核和各种细胞分化

的细胞,叫原核细胞。它们大约在32亿年前就在地球上出现了,真核细胞生物就是由古老的原核细胞生物进化而来的。如今地球上广泛分布的细菌和蓝藻,即是原核细胞生物的后裔,它们的身体就是一些单个的原核细胞。

植物细胞分身术

　　一个活体的细菌,在经过几小时后,就可以变成成千上万个同样的细菌;一株成长中的松树幼苗,经过几年后就能长成一颗大松树。其中的奥秘在哪儿呢? 原来它们都是靠细胞的分身本领——一个分裂成两个,两个分裂成四个……逐渐变多变大起来的。

　　植物细胞的分裂方式主要有两种:无丝分裂和有丝分裂。

　　无丝分裂又称直接分裂。在分裂时细胞拉长,细胞的中间向内缢裂成两部分,其中的核质和细胞质也均分到两个子细胞中去。不过它们有时是均等的,或不等的分开。这种分裂方式通常见于细菌和蓝藻中。

　　在高等植物中,细胞的增殖最普遍的是有丝分裂,其分裂过程非常有趣。首先是细胞核的分裂,这时核中的染色质凝集成具有一定数量的棒状染色体,每个染色体由纵向分裂成的两个染色体单体所组成部分,两个染色体单体仅在着丝点处相连,而每个染色体的着丝点位置又是相对固定的。着丝点上的细丝有的伸展到细胞的两极,有的丝则从一极伸向另一极,从而形成了一个两头尖中间大的纺锤体形状。当所有染色体的着丝点都排在细胞中间的赤道面上时,随即着丝点分裂每个染色体的两个单体各自分开移向两极。在染色单体抵达两极后,细胞的有丝分裂过程就已接近尾声。这时染色体消失,核膜和核出现。在两极新的细胞核形成的同时,细胞赤道板两侧的细丝逐渐聚集形成了细胞板,最后与原来成熟的细胞壁相接,构成了新的细胞壁。至此,一个细胞便分成两个子细胞,细胞的有丝分裂过程也就宣告结束了。

　　虽然细胞的有丝分裂过程只持续一二个小时,但是在分裂前,细胞中却孕育着一系列复杂的生理生化变化,其中包括核酸、蛋白质的合成、积累,遗传物质的复制等。

　　在自然界中,正是由于细胞的这种分身术,才使得各种植物呈现出一派生机勃勃的景象。

植物细胞生活奥秘

除细菌和蓝藻外,所有植物细胞都有一个圆球形的细胞核悬浮在细胞中央,它的直径一般为 10～20 微米。在电子显微镜下可以看到核的表面由核膜所包裹,核膜上均匀地分布着许多小窗,这些就是核与周围细胞质之间物质交换的门户。

在细胞核内充满了凝胶状的核液以及许多颗粒状的核糖核蛋白体和染色质等,其中最有趣的是染色质,它们是由脱氧核糖核酸(DNA)和碱性蛋白所组成。当细胞进行有丝分裂的时候,核内的染色质就逐渐聚成一定数量和形体的染色体。各种植物的染色体形状和数目均不同,水稻有 24 条染色体,小麦 42 条,棉花为 52 条。

根据近代生物学的研究证明,原来在染色体上具有一些决定植物性状的遗传单位——基因,这些基因正是组成染色质主要成分 DNA 分子的片断。DNA 能准确地复制自己,保证它储存的遗传信息由母细胞传到子细胞。正是由于细胞核中 DNA 分子上包含的各种基因有条不紊的工作,才使得植物细胞及植物体能够正常地发育和繁衍。

此外,在每个细胞核中还有一至数个质地致密、晶莹透亮的核仁。在电子显微镜下能清晰地看到,球形核仁又可分为两部分,中央小圆球区及其外围部分,它们分别由 DNA 分子和核糖体 RNA 以及蛋白质构成。核仁在细胞中扮演的角色还不完全清楚,一般认为它可能是制造核糖核蛋白体的主要场所。

由此可见,细胞核在植物细胞的整个生命活动中,担负着指挥中心的重要任务。

DNA 分子是一种高分子聚合物,它的结构非常特殊,呈双螺旋状,每条链由许多单个核苷酸连接而成。组成核苷酸的成分是脱氧核糖、磷酸和碱基,其中碱基又分为四种,即腺嘌呤(A)、鸟嘌呤(G)、胸腺嘧啶(T)和胞嘧啶(C),这些成分在长链中是按一定顺序首尾相连,而在两条链之间又是通过碱基之间的氢连接起来的。有趣的是两条链上的碱基相互配对连接时,却有一定规律可循,即一条链上的腺嘌呤必然与另一条链上的胸腺嘧啶配对,鸟嘌呤与胞嘧啶配对。如果一条链上的碱基顺序决定后,另一条的碱基顺序也就很容易确定了。DNA 分子结构中这种碱基的排列规律对于 DNA 本身的复制以及遗传信息的传递是非常重要的。由于两条长链上所含碱基数量以及排列组合的不同,便出现了不同结构的 DNA 分子,因此在自然界中也就有了多种多样遗传特性的生物。

DNA 分子的双螺旋结构是 20 世纪 50 年代初发现的。DNA 双螺旋结构的确定,彻底解开了生物遗传之谜,是划时代的伟大发现。

光合作用的场所——叶绿体

在绿色植物的叶片和幼茎的细胞中以及在藻类植物的身体内部,都含有一种绿色的细胞器——叶绿体。在藻类植物中叶绿体呈现出多种多样的形状,有带状、杯状、星状和板状等。而在高等植物中,它们的形状却十分一致,都是呈扁平的椭圆球形,直径平均在 4～6 微米,厚度约 2～3 微米。在每个叶肉细胞中有几个至十几个叶绿体。有人测算过,在每平方毫米的蓖麻叶内,叶绿体的数目甚至多达数十万个。

如果把一个剖开的叶绿体放在高倍数的电子显微镜下观察,叶绿体精细而复杂的构造会使人惊叹不已。通常,在叶绿体的外面包有一个双层膜(即外膜和内膜),里面充满了液体状的基质以及由膜构成的片层系统。其中类囊体是膜结构的基本组成单位,它们常常像盆子一样垛叠在一起形成基粒和基粒片层,在两个基粒之间的片层系统称为基质片层。基粒的直径只有 0.5～1 微米,它们在每个叶绿体中平均均有 50 个左右。

在叶绿体中除了含有大量水分以外,主要由蛋白质、类脂、色素、核酸、维生素及多种矿质元素组成,其中最具特色的是绿色的叶绿素。科学家现已发现有 6 种分子构造略有不同的叶绿素。在所有高等植物和绿藻类植物中,普遍含有叶绿素 a,b 两种,叶绿素 c 见于褐藻与硅胶藻,叶绿素 a 存在于红藻中,另外两种只见于具有光合作用的细菌中。有趣的是,叶绿素的分子构造竟与动物血液中的血红素极为相似,唯一的差别就是前者含有镁原子,后者则含铁原子。绿色植物通过叶绿素吸收光能,把二氧化碳和水转变成碳水化合物,同时放出氧气。除了叶绿素(a,b)以外,与它相伴的还有一些辅助色素也能吸收光能,如显橙黄色的类胡萝卜素和黄色的叶黄素等。由于叶绿素和辅助色素吸收的光谱不同,因此当植物在弱光下进行光合作用

时,辅助色素便可大显身手了。

细胞动力之奥秘

植物在生命活动中所需的大量能量,是靠细胞中的线粒体来提供的。

线粒体的体积非常小,长不过 1～2 微米,直径一般为 0.5～1 微米。在光学显微镜下,只能隐约看到它们呈小球状或杆状,有时也可见到哑铃状、星状或环状的轮廓。在电子显微镜下,可发现每个线粒体都是由双层膜所组成,外层膜为界限膜,内层膜向线粒体的中央腔折叠,形成了许多大大小小管状或板状的嵴,这样就在线粒体内大大增加了酶分子附着的表面积。另外,在内嵴之间的空腔中还充满了胶体状的基质,它们的主要成分是可溶性蛋白以及各种酶系统。

如果说,植物细胞中的叶绿体所进行的光合作用是一个贮蓄能量的过程,那么,线粒体的呼吸作用则是一个翻译能量的过程。所谓呼吸作用就是在酶的催化和氧化参与下,把光合作用产生的碳水化合物逐渐分解氧化成二氧化碳和水,并放出能量的过程。我们还可以把线粒体的呼吸作用,形象地看成是由高能位(如二氧化碳与水)流动的过程,犹如高处的水向低处流一样。那么,细胞是如何有效而及时地贮存和利用这个过程所放出能量的呢? 原来它是靠形成一种独特的含高能量的化合物——三磷酸腺苷(ATP),当 ATP 分子分解时,便会释放出大量的能量。因此,ATP 分子可作用能量的贮存形式在细胞的线粒体中,有一套高速生产 ATP 分子的"装置",其能量转换率高达 70%～80%,这是任何机器所无法比拟的。所以,人们把线粒体形象地比作细胞的"动力站"。

各显其能的细胞器

如果把每个植物细胞形象地比作一部精密的机器,那么细胞中各种细小的细胞器,就是构成这部机器的各种重要部件。

在植物细胞中,除了细胞核(它是细胞的指挥中心)、叶绿体(担负着光合作用制造碳水化合物的重要使命)以及线粒体(待命呼吸作用、提供能量的动力站)等,还有在细胞中负责运输和贮藏蛋白质的内质网。它们是由一些细管和扁平的囊状片层所构成,在细胞中常呈现出复杂的网状结构。有的内质网膜表面附着有许多细小的核糖核蛋白体颗粒,有的膜表面平滑,没有这种颗粒附着。故前者称为粗糙型内质网,后者为平滑型内质网。

高尔基体也是植物细胞器的一种,在电子显微镜下可以看到它们由许多小盘的边缘,还有许多小泡围绕。高尔基体在细胞中的数目变化很大,有些植物细胞中的高尔基体可高达数千个之多。在植物细胞壁的形成中,高尔基体起了重要的作用此外,它们还与细胞的分泌过程有着密切的关系。早在1897年,意大利学者高尔基首次发现了这种细胞器,所以后人称它们为高尔基体。

众所周知,蛋白质是构成一切生命有机体最重要的成分之一,在细胞中担负合成蛋白质功能的,正是那些极不显眼的核糖核蛋白体。它们在电子显微镜下呈现为近乎圆球形的小颗粒,直径只有20毫微米左右,是由核糖核酸和蛋白质所组成。它们通常游离在细胞质中,有的附着在内质网膜表面,或存在于线粒体和叶绿体中。

在幼小的细胞中,常可见到许多分散的小泡,随着细胞的生长,这些小泡逐渐增大合并,成为一个或几个大的囊泡,这就是植物细胞所独具的液泡。在液泡中储存有细胞液,其主要成分有糖、有机酸、单宁肯、植物碱、色素和盐类等细胞代谢活动的产物。水果的酸甜程度,药用植物的苦涩味道以及花瓣、果皮的美丽颜色,都是液泡中的一些物质在起作用。

此外,在植物细胞中,还有一些体积微小的细胞器,如溶酶体、微粒体和圆球体等等,它们在细胞的生命活动中,各自都担负着一定的功能。随着现代细胞生物学的发展,人们对植物细胞中各种细胞器的精细结构与功能的了解,仍在不断地深化。

植物细胞的骨架——细胞壁

除少数低等植物以外,绝大多数植物细胞都有一层坚硬而富于弹性的外壁。细胞壁的有无正是区分动物细胞与植物细胞最显著的特征之一。

在植物有机体中,常常可以见到许多薄壁细胞,它们只有一层薄薄的初生壁,厚度约1～3微米。这层壁主要由纤维素累积而成,在两个相邻细胞之间,还有一层富含果胶质的胞间层所粘连。随着植物生长和发育,一些幼小的薄壁细胞逐渐特化成具一定功能的细胞,如有的担负运输水分和无机盐的管胞或导管分子,有的行使机械支持功能的纤维和石细胞等。这些细胞不仅外形上起了很大变化,而且细胞壁也逐渐加厚,即在初生壁的内层又沉积了大量的纤维素,形成了厚厚的次生壁,这层壁约有 5～10 微米厚。通常在次生壁中还渗了大量的木质素,从而使这类细胞的机械强度和抗张能力大为增强。

另外,位于植物体表面的一些细胞的细胞壁内还含有角质,栓质或蜡质等有机物质,这对于防止水分的过度蒸发抵制病虫害的入侵等都起了重要作用。

随着细胞的生长,细胞初生壁的增厚是不均匀的,例如在壁上出现了一些特别薄的区域,这就是以后发育成纹孔的场所,故称为初生纹孔场。细胞之间千丝万缕的联系,正是由许多极细的胞间连丝通过这里,起着物质运输和传递刺激的桥梁作用。同样,次生壁在加厚过程中也是不均匀的,从而在壁上形成了一些特殊的纹孔结构以及各种精美的纹饰。

构成细胞壁的成分中,90%左右是多糖,10%左右是蛋白质、酶类以及脂肪酸等。细胞壁中的多糖主要是纤维素、半纤维素和果胶类,它们是由葡萄糖、阿拉伯糖、半乳糖醛酸等聚合而成。次生细胞壁中还有大量木质素。

细胞壁中的酶类广泛参与细胞壁高分子的合成、转移、水解、细胞外物质输送到细胞内以及防御作用等。研究发现,细胞壁还参与了植物与根瘤菌共生固氮的相互识别作用,此外,细胞壁中的多聚半乳糖醛酸酶和凝集素还可能参与了砧木和接穗嫁接过程中的识别反应。并非所有细胞的细胞壁都具有上述功能,每一类细胞的细胞壁功能都是由其特定的组成和结构决定的。

植物细胞独特的全能本领

由一个细胞变成一棵完整植株,已不再是人类的幻想。

民间俗语说:"春种一粒粟,秋收万颗籽。"这里描述的是人们熟知的一种自然现象,然而,你可曾真的想到由一个植物细胞也能长成一株植物的奇妙事实吗?

早在 20 世纪初,德国植物学家哈伯兰特就提出过这样的设想,并且大胆预言:"植物体的所有细胞,都有转变成完整植株的本领,这种独特的本领叫做细胞全能性。"他也曾尝试着用培养叶肉细胞的方法来证实自己的设想，由于当时科学技术条件的限制，一直未能获得成功。然而他的这一大胆设想，却成为吸引后来无数科学工作者为之奋斗的目标。

经过将近半个世纪的探索，1958 年，美国科学家斯图尔德把胡萝卜细胞打碎成单个细胞，然后培养在液体培养基中，经过一段时间以后，许多单个细胞开始分裂形成细胞植株。这些小植株从试管移到土壤中以后，便能继续生长发育，直到开花结果。这是人类头一次把植物细胞全能性的设想变成了现实，同时也为植物细胞、组织和器官的培养开创了一个崭新的领域。

随着科学技术的发展，人们已经将组织和细胞的离体培养技术应用到农作物新品种的培育、植物无性系的快速繁殖以及通过组织培养获得无病毒植株等方面。例如澳大利亚用桉树幼芽进行离体培养，每年可以扩大繁殖出 40 万株树苗。如果切取茎尖上的小小生长锥培养在试管里，能够获得没有病毒的马铃薯幼小植株。有人做过这样的比较：如果 10 株未去病毒的马铃薯只产 0.4 千克块茎的话，那么除去病毒的可产 4.45 千克，可见增产效果多么明显！自从用兰花生长点培养出无病毒植株以后，为挽救一大批濒于灭绝的优良兰花品种，开辟了一条新的途径。人们还用细胞杂交芽称原生质体融合的技术，来获得植物新品种。这种方法说起来并不复杂，就是细胞经特殊酶处理以后，去掉细胞壁，原生质体裸露出来，再将不同植物的细胞原生质体放在培养基内，使其相互融合，形成杂种细胞。然后通过杂种细胞的继续培养，进一步形成细胞团和分化成杂种植株。马铃薯与西红柿细胞杂种植株的获得，已经为人们展示出一个十分诱人的前景。

植物细胞和组织培养应用在林业和园艺上，已出现了大规模工厂化生产和试管品种商品化的趋势，例如一种新兴的兰花工业已在许多国家发展起来。人们还将细胞的大量培养技术用于药物生产，或用于制造其他植物天然产物如人参皂甙等，从而为人类彻底摆脱等待大自然的恩赐迈出了重要一步。

奇特的植物叶子

在种类繁多的植物界中，除了那些单细胞和由多个细胞构成的藻菌类植物（或称低等植物）以外，绝大多数都是由无数个细胞组成、并有各种组织

和器官分化的高等植物,其中与我们人类关系最为密切的便是被子植物。

一株典型的被子植物是由地上部分的茎、叶、花、果实与种子及地下部分的根所构成。叶子是执行光合作用、制造营养物质的器官,担负输导水分和营养物质的作用;茎与枝条起着支持作用;庞大的根系起着吸收水分与无机盐、固着植株地上部分的作用。这些部分承担着不同的功能,因此它们的外貌和内部结构有很大的不同。

当植物生长发育到一定阶段,再经过传粉、受精和"怀胎",最后发育形成了果实与种子。植物生殖器官为繁衍植物的后代做出了重要贡献。

如果把各种植物的叶子收集起来,举办一个别开生面的叶子展览会,你将会看到叶子形状千姿百态、各具风貌。银杏的叶片似随风摇曳的扇子,鹅掌楸叶形如马褂,荷花叶和王莲叶宛如大圆盘,松树叶似直刺蓝天的一根根银针。真是琳琅满目,美不胜收。

植物的叶子一般由叶片、叶柄和托叶三部分,它们有的无托叶(丁香),有的无叶柄(如莴苣),甚至有的无叶片(如台湾相思),因此不完全叶在植物界中也比比皆是。

还有些植物由于长期适应于某种特殊的生活环境或生活方式,叶子常常发生了变态。原来叶子的形态已经面貌全非了。例如豌豆的一部分小叶变成了弹簧状的卷须,以适应向上攀缘的生长方式。生活在热带干旱沙漠中的仙人掌植物,叶子已经退化成针刺,这对充分节制水分的蒸腾确实是一个极好的办法。还有一些长了带状,以便顺水飘动,减少水流的阻力。

叶形变化最大、最为奇特的要数那些食虫植物的叶子了。例如一种生长在东半球热带地区的植物,它的叶子基部扁平,中间部分变成细藤一样,能缠绕在其他植物体上,叶子的前部转变成瓶状的捕虫器,因此,人们形象地把这种植物称为猪笼草。一旦贪吃的小虫爬近瓶口的附近,一不小心就会滑入瓶内,这时,瓶中的消化液就会把虫子消化掉,成为猪笼草的美味佳肴。

叶子奥秘种种

传说中国春秋时代,有位著名的建筑工匠鲁班,在一次上山砍柴中,不慎被茅草叶子拉破了手指,鲜血直流。细心的鲁班察看了整个叶子,发现在叶片边缘有许多尖锐的小齿,当叶缘快速划过手指时,变得十分锋利。由此他联想到能否用这样的小齿制作锯来锯木料呢?经过反复试制,世界上第一把锯就在鲁班的手里诞生了!

　　一种原产在南美洲亚马孙河中的王莲叶子又大又圆,直径可达 2 米左右,一个几十千克重的小孩坐上去也不会下沉。原来在叶子背面有许多粗大而密集的网状叶脉,构成了坚固的构架。1851 年,英国建筑师约瑟在王莲叶的启示下,设计成功一座结构轻巧、顶棚跨度很大的展览大厅,整个建筑宽敞明亮,十分雄伟。此后,许多国家的体育馆和展览大厅的拱形屋顶结构,也都是仿照王莲叶脉的结构设计出来的。

　　叶脉是担负运输原料和产品的大动脉。在许多植物的叶片中,叶脉常密布成细网状,故称网状叶脉,如杨树和栎树。另外有一些植物的叶脉大致成相互平行排列,不过在两脉之间仍有许多细脉相连。这种在玉米、水稻等植物中常见的叶脉,称为平行叶脉。叶脉是由运送水分和无机盐的导管(木质部)以及输送有机物质的筛管(韧皮部)共同构成的。据科学家计算,在每平方厘米的甜菜叶片中,运输管道(叶脉)的总长度竟达 70 厘米。大量的叶脉构成了一个庞大的四通八达的输导系统,它们在日复一日有条不紊地生产着亿万吨光合有机物质和新鲜的空气。

　　200 多年前的一天英国化学家普利斯特列做了一个非常有趣的实验。他把一支点燃的蜡烛和一只老鼠分别放在玻璃罩下,不久,烛光熄灭了,老鼠也因窒息而死。后来他采了一些薄荷的枝叶放进玻璃罩内,再把点燃的蜡烛和老鼠放入,这里老鼠还是活的,蜡烛仍闪烁着光芒。这是人类第一次对植物光合作用最粗浅的认识。19 世纪末,人们真正弄清楚绿色植物这一独特的生理过程:植物利用太阳光能,将二氧化碳和水等无机物在绿色植物细胞中合成以碳水化合物为主的有机物(如蔗糖和淀粉),并释放出氧气,为人类提供了无数的宝贵财富。

　　此后,人们进一步认识到光合作用是一个极为复杂的过程,它在结构精制的叶绿体中,至少要经过几十个步骤,其中也可分为原初反应、同化力形成以及碳同化三大阶段。

　　地球上绿色植物一直进行着这种奇特的光合作用过程,它是一切食物、煤炭、石油和天然气的最初来源。

人类不能等待大自然的恩赐,要向大自然去索取。模拟植物的光合作用,在工厂中利用水和空气中的二氧化碳,直接合成出粮食的美好理想,正是今后人类不断探索的目标。

叶片变色脱落之谜

每当金秋时节,许多植物的叶片纷纷变黄并脱离开枝干,随风飘落。然而也有一些植物的叶子,却悄悄地把绿装换上了色彩艳丽的秋装,给大自然又增添了几分秀丽的景色。

为什么绿叶到了秋季会改变颜色呢?揭开这个奥秘,还得从叶子为什么是绿色的谈起。原来在绿色植物的叶肉细胞中,含有大量的叶绿体颗粒,每粒叶绿体里又都含有叶绿素 a 和 b、叶黄素及胡萝卜素等四种色素,其中前两种色素呈绿色,后两种呈现金黄色。在植物生长茂盛季节,叶绿素的含量占有绝对优势,浓绿的色彩掩盖了其他色素。到了秋季,随着气温的逐渐降低,叶绿素分解速度大于形成的速度,而叶绿体中的叶黄素和胡萝卜素终于有了"抛头露面"的机会,从而使银杏、栾树和构树等植物的叶片呈现金黄的颜色。

那么满枝红叶的黄栌、柿树和枫树又是怎么一回事呢?原来是它们的叶肉细胞中含有一种善于变"魔术"的物质——花青素在作怪。花青素是一种水溶性的植物色素,它的颜色可以随着细胞液中配套度的变化而不同,如当酸性时呈红色,碱性时呈蓝色或紫色。每当寒冬季节即将来临之际,黄栌等树木的叶肉细胞中糖分含量不断增加这就为花青素的大量形成提供了有利条件。随着叶绿素含量的急剧减少,在叶肉细胞的细胞液又呈微酸性的情况下,也正是花青素大显身手的好时机,从而这些植物的叶子都纷纷展现出艳丽的红色、褐色或紫色。我国唐代诗人杜牧曾用"霜叶红于二月花"的诗句来赞美秋天的红叶,"万山红遍,层林尽染",正是人们观赏红叶的大好季节。

叶片的脱落是一种自然现象。临近冬天时气温逐渐降低,植物所具有的一切生理功能都大为减退。最后终因水分与养料供应不足,在叶片或叶柄基部形成了一个离层区,随着这个区域中酶的活动使细胞之间逐渐解离,叶子便很容易从这里分离开来。在这之前,叶片中还形成了大量乙烯和脱落酶,它们对叶子脱落也起到了推波助澜的作用。一旦秋风劲吹,叶片就随之纷纷飘落下来。叶片脱落后,在枝干上遗留的断面处,细胞栓质化,从而起着保护"伤口"的作用、防止病菌浸染和水分丧失的作用。

了解到植物叶片脱落的原因,便可对植物施用一些生长素物质,以提早或延缓叶片脱落的时间。例如,在棉花收获前,在田间施用乙烯利药剂,便可促使棉花叶片早落,从而有利于收获和提高棉花的质量。与此相反,如果施用 2,4-D 或萘乙酸等物质,便可防止白菜掉帮,以延长白菜的贮藏时间。

形形色色的茎

茎象征着力量,支撑起植株全身的叶子、花朵和果实;茎象征着桥梁,沟通着植株地上和地下部分的运输。

在植物界中长得最高的巨人,要数生长在澳洲的杏仁桉了,它的茎可高达 155 米,直插云端,茎的直径也有 12 米左右。相比之下,茎高不过数厘米、直径仅数毫米的路边小草,当是植物界中的侏儒了。尽管它们的茎高矮相差悬殊,但都是属于直立茎。

有些植物的茎在生长过程中,由于茎细长而柔软,不得不依赖于其他的物体才能向上攀缘生长,这类植物的茎称为攀缘茎。有趣的是,它们的茎都有一套特殊的攀登装置。例如葡萄、黄瓜、丝瓜和豌豆等植物,是靠茎上的卷须攀缘他物往上生长;爬山虎则是利用短枝上的吸盘附着在墙壁上。更有趣的是,常春藤的攀缘本领靠是的攀缘根。在常春藤茎上,常可见到一小丛一小丛像刷子一样的不定根,这就是攀缘根。当茎往上爬的时候,攀缘根能分泌出一种胶状物质,黏附在墙壁或其他物体上。

牵牛花、菜豆和紫藤等植物的茎,虽没有卷须、吸盘等特殊的附属结构,但它们的茎却有滑向其他物体吐螺旋状缠绕的本领,故称为缠绕茎。有趣的是,不同植物茎旋转的方向各不相同,如紫藤、菜豆和旋花的茎由左向右旋转,叫左旋缠绕茎;而五味子的茎则是从右向左缠绕叫右旋缠绕茎;还有的左右均可旋转的,称为左右旋缠绕茎。

有些植物的茎既不能直立空中,又不会攀缘缠绕,它们只得平躺在地面上向四周蔓延生长,在茎上还生有许多不定根,以固定在土壤中。像草莓、白薯等植物的茎就属于这一类,它们的茎在植物学上称为匍匐茎。

在自然界中,人们常见到的植物,它们的茎干都是圆柱形的。然而,你可曾见到过茎干是三棱柱形、方柱形、多棱柱形以及扁平状的吗?一种生长在池塘边的莎草科植物叫荆三棱,它的茎就是三棱柱状的。方柱状的茎除了蚕豆和薄荷以外,还有供庭园绿化的方竹。生长在热带或亚热带干旱沙漠地区的仙人掌,它们的茎除了圆柱状以外,还有圆球形、扁平或多棱柱状等多种形状。

植物运输水和养料的奥秘

据科学家测算,一棵玉米在一生中要消耗 200 千克水;一株大树在半年中就要用去 1 万多千克水,平均每天消耗 50 千克水。如此大量的水分都是由根部吸收上来,然后通过茎干和枝条这些空中桥梁,再运送到叶片及花果中。

在大多数植物的茎中,都有两套运输系统。一套是以导管或管胞组成的木质部系统,它是从下往上,专门把根吸引进来的水分及溶在水中的无机盐运到地上部分;另一套是韧皮部系统,主要由筛管构成,通过筛管把叶片制造的有机物质自上而下地运送到其他器官。这两部分系统在茎中构成了最显著的输导组织(或称维管组织)。输导组织在整个植物体中,形成了一个四通八达的网络系统。如果把各种植物的茎做一个横切面,放在显微镜下观察,你会有趣地发现,原来有些植物的茎中,一束束由木质部与韧皮部组成的输导组织,沿着茎的周缘排成一圈,像向日葵、苜蓿等植物就是这样。另外在玉米、高粱等植物的茎中,成束的输导组织排成好几圈。在许多体高叶茂的木本植物(如松树、杨树等)中,由于茎承担的运输任务十分繁重,因此在茎的中心部分全部由木质部占据,并随着树木年龄的增加木质部也不断增多。韧皮部则排列在整个木质部的外围。

木质部中负责运输水分的无机盐的特殊管道,称为导管,它是由许多导管分子(或称导管节)头尾相接连成的管道。导管分子的长短和粗细在各种植物中差别较大。大多数植物导管分子的直径一般都在 20～30 微米之间。此外导管分子的管壁较厚,木质坚硬,侧壁上还有螺纹、网纹或孔纹等各种纹饰。

水分从地下根部通过导管系统源源不断地运送上来,靠的是根部压力和叶子蒸腾后产生拉力的结果。水分在导管中运行的速度,有的植物时速仅有 1 米左右,有的可高达 40 米。如一株小麦,从根部吸进水分后,只要一刻钟就可流遍全身。

承担营养物质运输的管道是筛管,它们也和导管一样是由许多筛管分子一个个两端衔接而成。一般筛管分子的长度都在 100～2 000 微米之间,直径仅 20～30 微米。在筛管分子的端壁和侧壁上有许多筛孔,就像一个筛子,也许这就是筛管名称的由来吧。营养物质的运输是通过由原生质形成的联络索并穿过这些筛孔,以沟通上下之间的筛管分子。它们的运行速度比导管慢得多,一般时速都在 0.17～3.6 米之间。

叶和花的来源

取一个丁香的营养顶芽,用镊子小心剥除周围的鳞片与幼叶,放在解剖镜下你会看到,在芽的中间有一个晶莹透亮的小圆丘状突起,这就是丁香的生长点。它由一团非常幼嫩的顶端分生组织细胞所构成,这团细胞的体积虽然很小,排列也很紧密,但它们却非常活跃,在生长季节,能不断分裂,产生新细胞。在生长点下部的细胞膜,一面继续分裂,一面开始分化,形成各种组织器官的原始体。如有许多叶原基和腋芽原基的小突起,它们以后相继发育成叶片和枝条。

取一个生殖芽(或称花芽)观察,除了可看到它的顶部仍有一个小圆丘突起外,在它的下部,则出现了许多萼片、花冠、雄蕊和雌蕊的原基小突起,这就是花的雏形。

人们通常把生长在枝条顶端的芽叫做顶芽,而将生长在顶芽下面所有叶腋处的芽,称为腋芽(或称侧芽)。在顶芽与侧芽之间存在着一种十分有趣的依赖关系,例如当顶芽在不断生长时,位于它下面的所有侧芽都处在"昏睡不醒"的休眠状态。也就是说,顶芽的生长对下面侧芽的萌发和生长都起了抑制作用。不过随着离顶芽距离越远,这种抑制程度也就逐渐减轻,因此许多树木自然地形成一个宝塔形的外貌。假如一旦把顶芽除掉,那么下面的侧芽便会立刻苏醒过来代替顶芽继续生长,这便是大多数植物所具有的一种顶端优势现象。

人们为了解释植物这种有趣的顶端优势现象,曾经提出了种种假说。

如有的人说：顶芽生长旺盛，是因为它首先享用了由根和叶子运送来的营养物质，而侧芽得不到充分的养分，从而生长受到抑制。还有的人认为顶芽是生长素合成的据点，由这里合成的大量生长素向下运输从而抑制了下面的侧芽生长。如摘掉顶芽，那么抵制侧芽生长的生长素大为减少，它们就能发育起来，形成新枝。

在现代农业生产上，人们常把植物的这一自然现象运用到棉花的整枝上。例如农民把棉株的主茎顶芽摘除，同时还修剪掉一部分旁枝，这样就能防止棉株徒长，以集中养料，保证棉铃的生长和发育。园林工人为了使果树树形展开多生果枝，使茶树或桑树多生低位的侧枝便于人工采摘，还有为了扩大行道树的遮阴面积等等，都是采用了控制植物顶芽与侧芽生长的办法。

变态茎之谜

在自然界中，并非所有植物的茎都是那样苍劲挺拔或亭亭玉立，或缠绕攀缘。有些植物茎的确面貌全非，难以辨认。就拿餐桌上经常见面的马铃薯、葱头和慈姑等来说，原来它们都是一些变态的地下茎。马铃薯的地下茎已变成短而膨大的肉质块茎，在它的前端有一个顶芽，呈螺旋状分布在块茎上的腋芽（即在芽眼内），在幼小的时候还可见有退化的鳞片叶。洋葱头是一种鳞茎，它的下面有一个圆盘形的鳞茎盘，顶端有一顶芽，外面包围了好几层肥厚的鳞片叶，在第一个鳞片叶的腋部还可发育出一个腋芽来。水仙、百合、石蒜等也是鳞茎，只不过它们的鳞片叶形状与排列有所不同罢了。慈姑和荸荠的变态地下茎成圆球状，称为球茎。从它们的身上可找到茎所具有的顶芽、侧芽、节以及上膜质的鳞叶等。

竹子地下盘根错节的竹鞭，看起来很像竹子的根，其实它是一种地下的变态茎，通称根状茎。它们除了有节、节间以及退化的鳞叶外，还有在地下不断向前生长的顶芽和产生新竹的腋芽。芦苇、莲以及不少田间杂草，如狗牙草等也都具有根状茎。

植物地上的茎也可产生变态，例如一种原产于欧洲的假叶树，高不过1米左右，到了夏季常开一些小型的白花，极不引人注目。但有趣的是它们的叶子都已退化成小鳞片状，并在长出后不久就悄悄地脱落得无影无踪了。假叶树的所有侧枝都变成了绿色的叶状枝，从而担负起行使光合作用、制造有机物质的重任。无独有偶,一种原产在热带干旱沙漠地区的仙人掌类植物,由于长期适应这种恶劣的生活环境,它们的茎都变成了绿色的肉质茎,不仅代替叶子进行光合作用,而且还能贮存大量水分。例如一株茎高15~20米的仙人掌,竟能贮两吨水,成了名副其实的储水罐。

从茎上的腑芽发育成侧枝,这已是司空见惯的自然现象。许多攀缘植物,像黄瓜、葡萄、丝瓜等,借助于茎上的卷须在坚固的物体上攀缘生长。这些卷须也是枝的一种变态,称枝卷须。此外,从茎上的腑芽还能发育出枝刺来,如皂荚和酸橙树干或枝上刺,有的刺呈分枝状,还有的刺上都足以说明它们是枝的变态。

种类繁多的根系功能

在植物的一生中,根系在地下默默无闻地担负固着植株、吸收水分和合成营养的重任。

在种类繁多的高等绿色植物中,虽然它们的外貌千差万别,各不相同,但就根系来说,却只有两种基本类型。一类是有粗壮发达的主根以及从主根产生的各级侧根共同组成的根系,叫做直根系,像松树、柳树、棉花等许多植物,都属于这类根系。另一类根系中的主根,很早就停止生长而枯萎了,由茎基部产生大量不定根,这些根又继续生长和产生分枝,整个根系如同一大把胡须,故称为须根系,不少谷类作物,如小麦、水稻和玉米等的根系,就是这种根系。直根系向下介入土壤,一般大于须根系。

许多木本植物的主根可以深达10~12米,它们的侧根向土壤四周延伸,其直径可达10~18米,常超过树冠直径的好几倍。须根系入土较浅,仅20~30厘米,横向延伸直径也有40~60厘米。当然根系深入土壤的尝试与范围,还与土质的结构、通气程度与水分状况等都有很大关系。

在根系世家中,有些不仅外貌和构造不同于一般植物的根,而且它们的生理功能也起了很大变化。如甜菜、萝卜和胡萝卜等植物的主根特别膨大,肉质肥厚,其中许多薄壁细胞就成了贮存大量淀粉或糖类物质的仓库。因此,人们形象地称这类植物的根为储藏根。白薯,又称甘薯,尽管它们是由不定根膨大形成的块根,内部结构与上述各种略有不同,但依据它们的生理功能,仍可归为储藏根。

一种生长在热带地区的榕树,从树枝上产生出许多粗壮的不定根,有的悬挂在空间,有的向下直插土内,远远望去如同一片茂密的森林。这些不定根主要起着支撑庞大树冠的作用,故称为支柱根。具有支柱根的还有常见的玉米,在靠近地面的几个节上,常产生一些不定根,并斜插进土壤层中,以帮助根系起着固定植株的作用。

长期生活在沼泽或海滩上的植物,如何解决根系的缺氧问题呢?原来在这些植物的主茎周围从潮湿土壤或水中伸出了许多不定根来。它们的内部具有发达的通气结构,在空气中可以自由呼吸,同时又与地下根系沟通,从而起到通气的作用,故有呼吸根或勇气根之称。像落羽杉和海桑树等植物,就具有这种独特的变态根。

根系吸水的奥秘

水是植物的命根子。一棵向日葵在它整个一生中要喝进100~150千克水。

如此大量的水分又是如何从根部吸上来的呢?原来在庞大的根系中,有许多顶端长满根毛的幼嫩根。据测算,在豌豆幼根的根毛区,每1平方毫米面积有230条根毛,苹果有300条,而一株黑麦,每天平均要长出11 900万条根毛。每条根毛既纤细又柔软,长度在80~1 500微米之间,直径只有10微米左右。它们与土壤颗粒紧靠在一起,活像一台台微型水泵,不停地从土壤中吮吸着。因此,它们是根系吸收水分及无机盐最重要的组成部分。一般吸水的根毛寿命并不长,只有一两个星期。随着幼根根端不断向前伸长,后面老的根毛逐渐失去作用,新的根毛又在根的前端继续产生,从而使每条幼根的根毛数量始终保持相对的稳定,以保证根系有足够的吸收面积。

土壤中的水分及溶解在水里的矿物质元素通过根毛以及幼根的表皮细胞进入根内,然后经过几层细胞不仅排列十分紧密,而且每个细胞的径向与横向壁上还有一条栓质加厚的带,这样,外面过来的水分,根本无法从内皮层的细胞壁或胞间溜进去,唯一的通道,只有通过内皮层细胞的膜和原生质体的途径。因此,它就像一道天然的关卡,对溶于水中的各种溶质做一次彻底的检查,凡是不利于植物的溶质都被拒之门外。水分经过内皮层后,便扩散到专门运输水分的管道——导管系统中,再以数米或数十米的时速向地上各部位源源不断地输送，以满足植物有机体生命活动的需要。

植物根系从土壤中吸收水分以及水分在植物体中背着重力向上运行的奥秘，曾经使几代植物学家迷惑不解。今天人们普遍认为：根部有一种压力，称为根压。根的细胞液浓度高于土壤溶液浓度，水分便通过渗透压作用从土壤进入根的细胞。如果把测量压力的仪器装接在沿地面切断的茎上，你就会看到根系所产生的这种压力。

一般草本植物的根压为 1～2 个大气压，而高大树木的根压竟高达 6～7 个大气压。另外，水分从根部上升还得依赖叶子的蒸腾作用。大量的水分从叶子表面特别是通过张开的气孔向外蒸发掉，这里部分细胞由于失水而暂时萎蔫，它们只得从其邻近的细胞吸取水分。因此，通过这种由表及里的"接力赛"方式，产生了一种接力，使水分在导管系统中不断往上输送。

花的基本知识

花的芳香气味与艳丽色彩，可以招蜂引蝶，传播花粉；花的独特构造，是孕育"胎儿"、繁衍后代的场所。

春天，在万紫千红的花海中，各种花形千姿百态；花的色彩，争妍斗奇。然而所有花的基本构造却大体相同。一朵典型的花可由花柄、花托、花被、雄蕊和雌蕊五部分组成。花柄是花与茎连接的部分，花托在花柄的顶部，在它上面生有花被、雄蕊和雌蕊。花被通常分花萼和花冠，位于花冠外面的绿色被片是花萼，它在花朵尚未开放时，起着保护蓓蕾的作用。色彩艳丽、姹紫嫣红的花冠，是花中最显著的部分。

据统计，花有 8 种颜色，其中白、黄、红 3 种颜色最为普遍，也最能引起蝴蝶和蜜蜂等昆虫的注意。对那些夜间才出来活动的飞蛾来说，白色花是最注目的颜色。花冠的形状多种多样。有的一片片分离的花瓣在花托上排成一轮或多轮；有的花冠呈蝴蝶形，舌状和唇形。

雄蕊和雌蕊是花的有性生殖部分位于花冠内的雄蕊是由细长的花丝及顶端的囊状花药所组成，大量的花粉就产生在花药里面。雌蕊包括顶部的柱头、中部的花柱以及基部的子房三部分，柱头表面有许多起伏不平的乳突及大量分泌液，这里便是粘接花粉的场所。外形如花瓶的子房，位于花的中心部分它的内部构造十分精巧。从剥开的子房看，在子房室内藏有一些卵球形的胚珠。胚珠的多少与植物种类有关,少的只有一个,多的可达千个。在每个胚珠里面都有一个装着卵细胞的胚囊,植物的幼小的生命就在这里孕育和诞生。

在一朵花中,如果具有萼片、花冠、雄蕊和雌蕊等四部分的,称完全花,例如桃花。若其中缺少花萼和花冠的,叫无被花,如榆树的花。雄蕊和雌蕊都有的称两性花,油菜、大豆等大多数植物的花都属于这一类。有些植物的花,只有雄蕊的为雄花,仅有雌蕊的为雌花,这类单性花常见于黄瓜和栎树等植物。雌花和雄花同生于一株植物上的叫雌雄同株,例如玉米和栎树等。两种单性花分别着生在不同植株上的,称为雌雄异株,例如桑树和柳树等。在同一植株上兼有两性花与单性花的,叫做杂性同株,猕猴桃就属于这类植物。

在常见的有花植物中,像小麦、水稻等一类禾本科植物的花,在结构上非常特殊。例如小麦的穗上着生有许多小穗,若以一个小穗作为一个单位,在小穗基部有两个大颖片(或称护颖),里面包有几朵小花。每一朵小花外面有一硬鳞片状的外秀秆,两个薄片状的浆片就躲藏在仙秤里边基部。花的中央部分有三个雄蕊和一个雌蕊,两个羽毛状的柱头非常容易截获外来的花粉。

花粉的功能

每当四五月份你走进松树林中,轻轻摇晃一下松枝,随即"黄烟"阵阵起飞,这就是松树的花粉。如果取一些松树花粉放在显微镜下观察,你会发现每粒花粉的左右两侧各长有一个大的气囊,显然这对它们飘浮在空气中传播到远方,起着重要的作用。

花粉的形状、大小以及表面的纹饰,在各种植物中均有明显差异。像水稻圆球形的花粉,表面非常光滑;向日葵的花粉,满身长满了小刺;椴树花粉呈三角形;落葵花粉为四边形。还有四粒花粉紧紧拥抱在一起的四合花粉,如杜鹃花粉和香蒲花粉。单粒花粉一般都很小,直径只有 $15\sim20$ 微米左右,而南瓜、草蒲和牵牛花的花粉,竟可达 $150\sim200$ 微米,这样大型的花粉用肉眼也能一粒粒地区分开。花粉粒的表面有的具有孔、沟,有的具有大小不等的突起,从而在扫描电子显微镜下构成了各种精美的纹饰。花粉最常见的颜色是黄色，然而大多数虫媒花的花粉，颜色却丰富多彩，非常美丽。如蚕豆、大丽花和七叶树的花粉颜色浓了就变成红色，淡了还是黄色。绿色花粉可见于榆树、白头翁、悬钩子和柳叶菜等植物。紫丁香和天竺葵的花粉呈蓝颜色。紫色花粉则在罂粟、桔梗、野芝麻和郁金香等植物中见到。

如果把一粒成熟的花粉剖开或做成切片，放在高倍显微镜下观察，你会发现花粉有两层壁。外壁厚而坚硬；内壁较薄，富有弹性。花粉里通常含有两个细胞，一个叫营养细胞，一个称生殖细胞。有些植物的生殖细胞在成熟花粉中就一分为二形成两个精子。当花粉传播到柱头上以后，从花粉的萌发孔里钻出一根长长的花粉管，两个精子就随着花粉管进入子房与卵细胞融合，使植物受孕。

花粉不仅在植物的传宗接代上起着重要作用，而且还为人类做出不少贡献。例如花粉的外壁坚固，富含大量的孢粉素和角质，在地层中不易腐烂而被长期保存下来。科学家们就可以根据各种植物花粉在地层中出现的规律，来断定地层的年代，从而为寻找矿脉提供了重要依据。由于植物种类的不同，花粉的形状、大小和外壁纹饰等特征也各不相同，由此可以辅助鉴定现代植物或地层中古植物的种类，为探讨古植被、气候的特点、现代植物的演化、蜜源植物的鉴定、甚至在协助侦破刑事案件上，都可以提供重要的佐证。

在新鲜的花粉中，含有丰富的蛋白质、氨基酸、糖类、脂类、维生素、微量元素等，它不仅是蜜蜂的主要食物，而且对人类的健康也是十分有益的。因此，食用花粉，或用花粉制成药剂和各种营养保健食品，已风靡世界各地，深受人们欢迎。

植物"怀胎"奥秘

当百花盛开的时候，一场雌雄性细胞融合的神秘过程，就在花里悄悄地进行着。

成熟的花粉传到雌蕊的柱头上，经过它们相互识别以后，那些亲缘关系离得远的植物花粉都受到冷遇和排斥，只有同种植物的花粉才受到欢迎。花粉受到柱头分泌物物质的刺激，吸水萌发，花粉管便从花粉壁上的萌发孔中伸出，随即花粉里的营养细胞和生殖细胞（或两个精子）也流入到花粉管中。花粉管自柱头经过中空或具有疏松组织的花柱,一起向下生长,最后直趋子房中的胚珠,再经珠孔钻入里面的胚囊。这时花粉管中的两个精子随同少量的细胞质,从花粉管前端的小孔释放出来。其中一个精子游去与卵细胞结合,另一个精子便和胚囊中间的两个极核(或称中央细胞)融合。上述两个精子同时融合的现象,是被子植物所特有的双受精现象。

从传粉到雌雄性细胞的融合,棉花和大多数植物都要经过一昼夜的时间;而像橡胶草这类植物,只要 15～45 分钟就匆匆地结束了这一神秘过程。最有趣的还是秋水仙,它的花粉管要经过半年时间的生长,才姗姗进入胚囊,进行雌雄性细胞的融合。

一个精子与卵细胞,形成合子,以后继续发育成植物的胎儿——胚。极核受精后形成提供胎儿发育的胚乳。由于植物的胚和胚乳同时都具有父母双亲的遗传特性,从而使它们的后代具有更强的生活能力和适应环境的能力。

世界上人类第一例试管婴儿于 1987 年在英国的一家医院里诞生,然而,早在 20 世纪 60 年代初,植物的"试管胎儿"就已试验成功。它是将罂粟等植物的胚珠或子房从母体中分离下来,培养在含有营养培养基的试管里,再把同种植物的成熟花粉接种进去,从而完成了双受精过程。最后离体胚珠和其中的受精卵,便发育成种子。科学家们利用试管内受精的技术,已先后获得了罂粟、蓟罂粟、花菱草和烟草等植物的成熟种子。

显而易见,在人工控制的条件下,进行植物生殖器官的离体培养和试管受精,甚至将分离的单个植物卵细胞与精子进行体外融合,这就能避免在常规育种中遇到的花粉在柱头上不易萌发,或者花粉管在花柱中的生长受到阻碍等因素。因此,人们运用这一新的生物工程技术,在克服自交或杂交不亲和性以及进行种间和属间远缘杂交等植物育种工作上,将发挥越来越大的作用。

果实与种子

果实与种子是植物传宗接代的器官,也是人类食物的重要来源。

花开花落,这是人们常见的一种自然现象。然而当传粉受精以后,花的花萼、花瓣和雄蕊等部分渐渐枯萎脱落的时候,在雌蕊基部的子房中却正在怀着植物的下一代。随着"胎儿"一天天的发育长大,子房壁的细胞不断分裂和增大,形成了果皮部分包在子房壁里面的胚珠,发育成为种子。因此,果实就是由果皮及种子共同构成的。

各种植物的果实,从它们的外形、大小以及构造来说,确是千差万别。例如每当盛夏或金秋时节,人们常吃的葡萄和番茄,它们的外面包有一层薄薄的外果皮,一至数粒种子藏在其中,这一类肉质果实通常归为浆果类。有些植物的果实成熟后,果皮变得十分干燥,像各种豆类植物的荚果,向日葵的瘦果以及果皮坚硬的板栗和龙眼(坚果)等。许多重要的粮食作物,如小麦、水稻和玉米等,它们的果皮既干燥又与里面的种皮紧紧地愈合在一起,人们称这类植物的果实为颖果。最有趣的还是那些红里透紫、鲜嫩可口的草莓了,原来它们是在一朵花内着生有许多雌蕊,每个雌蕊都发育成一个小小的瘦瘦的果,这些常被人们误认为种子的小果实,就聚集在一个肉质花托上,这类果实称为聚合物。

在植物界中,能形成种子的植物大约有20多万种,其中除了被子植物的种子由果皮包裹以外,还有一类裸子植物的种子没有果皮保护,裸露在外面,像松树和柏树等植物的种子。

各种植物种子的形状和颜色均不相同。就种子的形状来说,有圆的、扁的、肾脏形、三角形、多棱形、长圆柱状等。种子表面的颜色更是五光十色,丰富多彩。有红的、橙的、黄的、绿的、黑的、紫的等等,但黑色和棕色的种子居半数以上。种子表面有的光滑透亮,有的表面粗糙或具有沟、穴、条纹等各种纹饰。有的种子还长有刺、冠毛或带有翅膀,这些构造都有助于种子的传播。各种种子的大小和轻重差异更使人惊诧不已。在植物界中,最大的种子要属生长在非洲塞舌耳群岛上复椰子树的种子了,它的直径足足有数十厘米,重量达十几千克。人们常用芝麻来比喻最小的种子,其实与更小的种子相比就是小巫见大巫了。例如许多兰科植物的种子,小到用肉眼都难以看清,只有在显微镜下才能看清它们的本来面目。如果你取1克重的芝麻种子有 200～500 粒,那么,1 克重的兰花种子就有 200 万之多。

植物胎儿之谜

当植物的传粉受精后,位于果实里的一个或多个胚珠正在发育长成种子。一粒成熟的种子,包括外面一层或多层具有保护作用的种皮,里面包着一个雏形小植物叫做胚,同时在胚的周围还有一些贮存营养物质的胚乳。

植物的胎儿——胚,是由受精卵发育而成的,它由胚根、胚轴、胚芽和子叶四部分组成。当种子萌发时,胚根就发育形成幼苗的主根,胚轴顶端的胚芽继续发育,不断长出新的真叶,这时子叶便逐渐萎缩和脱落,大多数植物都具有两片子叶,有的子叶肉质肥厚,里面贮藏了丰富的营养物质,在种子萌发时,它像"母乳"一样滋养着幼苗的生长和发育,如菜豆、油菜、花生等。还有些植物的两片子叶形如薄纸,如蓖麻和棉花等。在人们常见的小麦、玉米和葱等植物的籽粒中,胚只有一枚子叶,这枚子叶在许多禾本科植物中变成一个大大的盾片,它能从胚乳中汲取营养物质以供给胚根及胚芽生长发育的需要。

依据胚中子叶的数目可以把被子植物分为两大类群:胚具有两片子叶的双子叶植物和只有一片叶子的单子叶植物。在20多万种被子植物中,双子叶植物约占五分之四,单子叶植物只占五分之一。

种子植物中,除了被子植物外,还有一类,即种子裸露在外面的裸子植物,它们的种类虽然不到1 000种,但胚上的子叶数目却变化很大,可以从二枚至十多枚不等。如雪松,在它们的胚轴头上,个个顶着13～16枚子叶,有的甚至多达18枚子叶。

贮藏营养物质的胚乳,是由胚囊中的极核黄素(或称中央细胞)受精后发育形成的。在种子萌发时它为胚的发育提供了大量的养料。在胚乳或子叶中贮藏的养料,主要是碳水化合物、蛋白质、脂肪以及多种无机盐和维生素等。不同的植物种类种子中所含养料成分的比例也明显不同,如小麦、水稻、玉米、豌豆等植物的种子里大部分是蛋白质,而花生、蓖麻、向日葵、核桃等植物的种子中含有丰富的脂肪。

在种子形成过程中,由胚珠的珠被发育成种皮。大多数植物的种皮相当坚硬,它具有保护胚和胚乳免受虫害和病菌侵袭的作用,同时也可防止种子变干或受到机械损伤。

随着生物技术的不断发展,人们应用植物组织离体培养的方法可以生产出大量类似于种子胚结构的胚状体。据统计,在1升培养基中就能产生10万个胚状体。然后给每一个胚状体包上一层人工种皮,再提供胚发育的

六、探索植物之谜

人工胚乳,这样一颗颗形似鱼肝油丸状的人工种子便诞生了。

工厂化生产人工种子能大大降低成本和节约劳力,为繁殖名贵药材、花卉,大量生产用于人工造林的苗木等提供了一个新的途径。由于胚状体或芽是从植物的体细胞产生是一种无性繁殖系统,因此不可以保持杂种优势。另外,在胚状体的发育过程中,人们还可以把有用的遗传基因转移进去,从而得到改良或培育出新的品种。因此,人工种子还可以为植物的基因工程做贡献。

211

图书在版编目(CIP)数据

自然界之谜/刘孝贤主编.—济南:山东科学技术出
版社,2013.10(2020.10重印)
(简明自然科学向导丛书)
ISBN 978-7-5331-7056-1

Ⅰ.①自… Ⅱ.①刘… Ⅲ.①自然科学－青年读物
②自然科学－少年读物 Ⅳ.①N49

中国版本图书馆 CIP 数据核字(2013)第 206128 号

简明自然科学向导丛书

自然界之谜

主编 刘孝贤

出版者:山东科学技术出版社
地址:济南市玉函路 16 号
邮编:250002 电话:(0531)82098088
网址:www.lkj.com.cn
电子邮件:sdkj@sdpress.com.cn
发行者:山东科学技术出版社
地址:济南市玉函路 16 号
邮编:250002 电话:(0531)82098071
印刷者:天津行知印刷有限公司
地址:天津市宝坻区牛道口镇产业园区一号路 1 号
邮编:301800 电话:(022)22453180

开本:720mm×1000mm 1/16
印张:14
版次:2013 年 10 月第 1 版 2020 年 10 月第 3 次印刷

ISBN 978-7-5331-7056-1
定价:27.00 元